高等职业教育"十三五"规划教材

机械设计实践与创新

主　编　刘文光　贺红林

副主编　严志刚　江　一

电子工业出版社

Publishing House of Electronics Industry

北京·BEIJING

内 容 简 介

本书是为满足高等职业院校人才培养目标和教育教学改革的需要,在充分调研我国高等职业院校教学现状及发展趋势的基础上,结合作者多年的教学实践经验而编写的。内容涉及机械原理、机械设计课程典型实验,分为基础型、综合分析型、创新设计型 3 个层次。力求培养学生动手能力、增强对机械原理和机械设计的理解,提高学生的机械设计能力。

本书适合高等职业院校基础公共课学生使用。

图书在版编目(CIP)数据

机械设计实践与创新 / 刘文光,贺红林主编. —北京:电子工业出版社,2019.7

ISBN 978-7-121-35182-2

Ⅰ. ①机… Ⅱ. ①刘… ②贺… Ⅲ. ①机械设计Ⅳ. ①TH122

中国版本图书馆 CIP 数据核字(2018)第 231092 号

责任编辑:祁玉芹

文字编辑:底　波

印　　刷:中国电影出版社印刷厂

装　　订:中国电影出版社印刷厂

出版发行:电子工业出版社

　　　　　北京市海淀区万寿路 173 信箱　邮编:100036

开　　本:787×1092　1/16　印张:13　字数:316 千字

版　　次:2019 年 7 月第 1 版

印　　次:2020 年 7 月第 2 次印刷

定　　价:39.80 元

前　言

当前创新创业教育已成为高等教育改革的主题，为了加强学生创新创业素质的培养，南昌航空大学机械设计教学团队提出了一种"以创新创业素质培养为核心，以三维设计为手段，以能力和素质的逐步提升为途径，以专业知识融会贯通为目标"的实践理念。

实践是培养学生创新意识与实践能力的重要环节，也是培养学生理论联系实际的作风与严谨求实的科学态度的重要过程，更是培养学生懂得仪器设备的原理与实验方法的有效渠道。作为学习机械工程基础的重要课程，"机械原理""机械设计""机械设计基础"等课程必须开设相应的实践项目，以帮助学生验证、巩固和加深课堂讲授的基本理论知识，加强理论联系实际及独立工作能力的培养，达到培养学生认识实践对象、了解实践设备、明白实践原理，以及懂得实验方法的目的。

本书作为南昌航空大学机械类专业的实验指导书十余年，内容不断充实更新，汇集了教学团队几代人的教学心得和体会。全书共分 5 章，分别是认知性实践、验证性实践、设计性实践、综合性实践和创新性实践。考虑到个人能力形成的渐进性，必须遵循从培养观察能力开始，逐步培养学生的设计与分析能力，最后形成学生的创新素质。本书不仅注重实践项目的基础性，也注重实践项目的系统性，同时考虑了实践项目的层次性。

本书由刘文光和贺红林主编，严志刚和江一副主编，研究生林炜彦、王耀斌和丰霞瑶绘制了书中的部分插图。全书编写得到了南昌航空大学机械设计教研部的鼎力支持并提出了许多宝贵意见。感谢江西省教改课题重点项目"创新创业视域下的机械设计课程建设与教学改革"（JXJG-15-8-2）、南昌航空大学"创新创业培育课程（机械设计、机械设计基础）"项目和江西省"精品资源在线开放课程机械设计"项目的资助。

由于编者水平有限，书中难免有一些错误和不妥之处，敬请广大读者不吝批评指正。如有任何疑问或建议，请反馈至 liuwg14@nchu.edu.cn。

编者

2019 年 2 月

目　录

第1章 认知性实践

认知性实践要求学生对所观察到的整机工作原理、结构、材料、工艺等进行细致分析、深刻研究和广泛讨论，深刻理解机器的要素、组成形式和建构方式，为后续设计训练打下坚实的感性基础。本章内容包括机构创新设计认知实验、机械零件认知实验和机械结构认知实验。

1.1 机构创新设计认知

1.1.1 实验目的

（1）了解各种常用机构的结构、类型、特点及应用。

（2）增加学生对机构与机器的感性认识，并促进对机构设计问题的理解。

（3）增强学生对机构创新设计的认识，加深对机械创新问题的理解。

1.1.2 实验设备

（1）JY-10DB 机械原理陈列柜：主要展示平面连杆机构、空间连杆机构、凸轮机构、齿轮机构、轮系、间歇机构及组合机构等常见机构的基本类型和应用，演示机构的传动原理。

（2）CX-10B 机械创新设计陈列柜：共有 10 个陈列柜，其中陈列的基本内容是通过实例介绍机械创新设计概念及基本原理与方法。目的在于帮助学生增加感性认识，开阔技术视野，提高创新设计能力。这些陈列柜主要展示产品创造技法、原理方案创新、机构创新、结构方案创新和外观设计创新。

1.1.3 机构的展示及分析

（一）机构的组成

通过对蒸汽机、内燃机模型的观察可以看到机器的主要组成部分是机构，简单的机器可能只包含一种机构；比较复杂的机器则可能包含多种类型的机构。可以说，机器是能够完成机械功或转化机械能的机构的组合。

机构是机械原理课程研究的主要对象，通过对机构的分析可以发现它由构件和运动副所组成。运动副是指两构件之间的可动连接，常用的有转动副、移动副、螺旋副、球面副和曲面副等，两构件通过面的接触而构成的运动副称为"低副"；两构件通过点或线的接触而构成的运动副称为"高副"。

（二）平面连杆机构

连杆机构是应用广泛的机构，以四杆机构最为常见。平面连杆机构的主要优点是能够实现多种运动规律和运动轨迹的要求，而且结构简单、制造容易、工作可靠。

平面连杆机构分成 3 大类，即铰链四杆机构、单移动副机构和双移动副机构。

（1）铰链四杆机构：分为曲柄摇杆机构、双曲柄机构、双摇杆机构 3 种，即根据两连架杆为曲柄，或摇杆来确定。

（2）单移动副机构：以一个移动副代替铰链四杆机构中的一个转动副演化而成，可分为曲柄滑块机构、曲柄摇块机构、转动导杆机构及摆动导杆机构。

（3）双移动副机构：带有两个移动副的四杆机构，通过机构倒置可得到曲柄移动导杆机构、双滑块机构及双转块机构。

通过平面连杆机构应用实例，可以归纳出平面连杆机构在生产实践中所解决的两类基本问题，一是实现给定的运动规律；二是实现预期的运动轨迹。

（三）凸轮机构

凸轮机构可以实现各种复杂的运动要求，其结构简单紧凑，因此广泛应用于多种机械中。凸轮机构的类型很多，通常按凸轮的形状、推杆（从动件）的形状和运动来分类。凸轮有盘形凸轮、移动凸轮和圆柱凸轮。推杆按形状分为尖顶、滚子和平底推杆；按运动形式分为直动和摆动推杆；按封闭方式分为力封闭和形封闭等。

（四）齿轮机构

齿轮机构是现代机械中应用最广泛的一种传动机构，该机构具有传动准确、可靠、运转平稳、承载能力大、体积小、效率高等优点，广泛应用于多种机器中。根据轮齿的形状，齿轮分为直齿圆柱齿轮、斜齿圆柱齿轮、圆锥齿轮及蜗轮和蜗杆；根据主、从动轮的两轴线相对位置，齿轮传动分为平行轴传动、相交轴传动和交错轴传动 3 大类。在观看这部分齿轮机构时，学生应注意了解各种机构的传动特点、运动状况及应用范围等。

（1）平行轴传动的类型：外啮合及内啮合直齿轮机构、斜齿圆柱齿轮机构、人字齿轮机构，以及齿轮齿条机构等。

（2）相交轴传动的类型：圆锥齿轮机构。轮齿分布在一个截锥体上，两轴线夹角常为90°。

（3）交错轴传动的类型：螺旋齿轮机构、圆柱蜗轮蜗杆机构、弧面蜗轮蜗杆机构等。

齿轮机构的基本参数有齿数（z）、模数（m）、分度圆压力角（α）、齿顶高系数（h_a^*）和顶隙系数（c^*）等。

（五）轮系的类型

所谓轮系，是指由一系列齿轮所组成的齿轮传动系统。轮系的类型有很多，其组成也多种多样。根据轮系运转时各个齿轮的轴线相对机架的位置是否都是固定的，可将轮系分为定轴轮系、周转轮系和混合轮系 3 大类。周转轮系按自由度分为行星轮系和差动轮系，还可根据基本构件的不同加以分类。包含一个系杆 H、两个中心轮 K 的称为"2K-H 型周转轮系"，包含 3 个中心轮的称为"3K 型周转轮系"。在实际机构中采用最多的是"2K-H型周转轮系"；混合轮系可既包含定轴轮系部分，也包含周转轮系部分，或者是由几部分周转轮系组成的。计算混合轮系传动比的正确方法是将其所包含的各部分定轴轮系和各部分周转轮系一一加以分开，并分别应用定轴轮系和周转轮系传动比的计算公式求出它们的传动比。然后找到公共构件加以联立求解，从而求出该轮系的传动比。

（六）间歇运动机构

间歇运动机构广泛用于各种需要非连续传动的场合，常见的有棘轮机构、摩擦式棘轮机构、槽轮机构、不完全齿轮机构、凸轮式间歇运动机构、万向节和非圆齿轮机构等。通过各种机构的动态演示，学生应知道各种机构的运动特点及应用范围。

（七）组合机构

由于生产上对机构运动形式、运动规律和机构性能等方面要求的多样性和复杂性，以及单一机构性能的局限性，以致仅采用某一种基本机构往往不能满足设计要求，因而常需把几种基本机构联合起来组成一种组合机构。组合机构可以是同类型基本机构的组合，也可以是不同类型基本机构的组合，常见的组合方式有串联、并联、反馈及叠加等。

1.1.4 创新设计的展示及分析

（一）创新设计概述

用火车的演进（蒸汽机车—内燃机车—磁悬浮列车）模型说明机械设计创新设计的目的、意义与特点。

（二）创新思维方式

用夹紧装置的多样化设计及发动机的创新设计（单缸无曲轴式活塞发动机和转子发动机）提高发散思维与求异思维的能力。

（三）产品创造技法

通过数码净水机、新型水龙头和缝纫机等介绍希望点列举法与缺点列举法的基本原理，希望点列举法开发设计产品是从社会需要或消费者愿望出发，通过列举希望点将模糊的需求意愿转化为明确的新产品概念，并进行方案设计的过程。用好希望点列举法和缺点列举法的关键是要做好市场调查与需求分析，准确把握市场商机，对产品的质量标准及技术发展动态设计者更要运筹帷幄。

1.1.5　实验原理、方法和步骤

陈列柜展示各种常用机构的模型及讲解机构创新思维和技法，通过模型的动态展示，增强学生对机构与机器的感性认识并促进学生对创新设计的理解。实验教师只做简单介绍，提出问题供学生思考。学生通过观察，对常用机构的结构、类型和特点有一定的了解，并对学习"机械原理"这门课程产生兴趣。

实验通过参观完成，陈列柜陈列内容贴近教材，符合开放性实验室的需要。各陈列柜装有语音芯片、单片机、手动控制盒及单箱；另配红外线遥控器用来控制模型的动作和播音，使模型动作与讲解的控制方式更加方便灵活。

1.1.6　思考题

（1）何谓机构、机器和机械？

（2）铰链四杆机构有哪 3 种基本类型？铰链四杆机构可演化成哪些其他四杆机构？举例说明各种四连杆机构的应用。

（3）一般情况下，凸轮是如何运动的？推杆（从动件）是如何运动的？举例说明凸轮机构的应用。

（4）一般情况下，一对齿轮传动实现了怎样的运动传递和变换？常用的齿轮传动有哪些种类？举例说明齿轮传动的应用。

（5）何谓轮系？轮系分为哪些种类？周转轮系中行星轮的运动有何特点？轮系的功用主要有哪些？

（6）常用的间歇机构有哪些？举例说明这些主要间歇机构的应用。

1.1.7　实验报告

实验报告应包含实验目的、实验设备、机构运动原理与创新设计方法，并在展板中选出 4 个以上机构绘制机构运动简图，最后写出实验体会。

1.2　机械零件认知

1.2.1　实验目的

（1）初步了解"机械设计"课程所研究的各种常用零件的结构、类型、特点及应用。

（2）了解各种标准零件的结构形式及相关的国家标准。

（3）了解各种传动的特点及应用。

（4）了解各种常用的润滑剂及相关的国家标准。

（5）增强对各种零件的结构及机器的感性认识。

1.2.2　实验方法

学生通过对实验指导书的学习与机械零件陈列柜中的各种零件的展示和实验教学人员的介绍、答疑及学生的观察认识机器常用的基本零件，将理论与实践对应起来，从而增强学生对机械零件的感性认识。并通过展示的机械设备和机器模型等，使学生清楚地知道机器的基本组成要素——机械零件。

1.2.3　实验内容

（一）螺纹连接

螺纹连接是利用螺纹工作的，主要用作紧固零件，其基本要求是保证连接强度及连接可靠性。学生应了解如下内容。

（1）螺纹的种类：常用的螺纹主要有普通螺纹、米制锥螺纹、管螺纹、梯形螺纹、矩形螺纹和锯齿螺纹，前 3 种主要用于连接；后 3 种主要用于传动。除矩形螺纹外，其他类螺纹都已标准化。除管螺纹保留英制外，其他类螺纹都采用米制。

（2）螺纹连接的基本类型：常用的有普通螺栓连接、双头螺柱连接、螺钉连接及紧定螺钉连接；除此之外，还有一些特殊结构连接，如专门用于将机座或机架固定在地基上的地脚螺栓连接、装在大型零部件的顶盖或机器外壳上便于起吊用的吊环螺钉连接及应用在设备中的 T 型槽螺栓连接等。

（3）螺纹连接的防松：防松的根本问题在于防止螺旋副在受载时发生相对转动，防松的方法按其工作原理可分为摩擦防松、机械防松及铆冲防松等。摩擦防松简单方便，但没有机械防松可靠。对于重要连接，特别是在机器内部不易检查的连接应采用机械防松。常见的摩擦防松方法有对顶螺母、弹簧垫圈及自锁螺母等；机械防松方法有开口销与六角开槽螺母、止动垫圈及串联钢丝等；铆冲防松主要是将螺母拧紧后把螺栓末端伸出部分铆死，或利用冲头在螺栓末端与螺母的旋合处打冲，利用冲点防松。

（4）提高螺纹连接强度的措施如下。

• 受轴向变载荷的紧螺栓连接，一般是因疲劳而破坏的。为了减小疲劳强度，降低螺栓的刚度，可适当增加螺栓长度或采用腰状杆螺栓与空心螺栓。

• 不论螺栓连接的结构如何，所受的拉力都是通过螺栓和螺母的螺纹牙相接触来传递的。由于螺栓和螺母的刚度与变形的性质不同，各圈螺纹牙上的受力也是不同的。为了改善螺纹牙上的载荷分布不均程度，常用悬置螺母或采用钢丝螺套来减小螺栓旋合段本来受力较大的几圈螺纹牙的受力面。

• 为了提高螺纹连接强度，还应减小螺栓头和螺栓杆的过渡处所产生的应力集中。为了减小应力集中的程度，可采用较大的过渡圆角和卸载结构。在设计、制造和装配上应力求避免螺纹连接产生附加弯曲应力，以免降低螺栓强度。

• 采用合理的制造工艺方法来提高螺栓的疲劳强度，如采用冷镦螺栓头部和滚压螺纹的工艺方法或采用表面氮化、氰化和喷丸等处理工艺。

在掌握上述内容后通过参观螺纹连接展柜，学生应区分出什么是普通螺纹、管螺纹、梯形螺纹和锯齿螺纹？什么是普通螺栓、双头螺柱、螺钉及紧定螺钉？什么是摩擦防松和机械防松？连接螺栓光杆部分做得比较细的原因是什么？

（二）标准连接零件

标准连接零件一般是由专业企业按国家标准（GB）成批生产供应市场的零件，这类零件的结构形式和尺寸都已标准化，设计时可根据有关标准选用。通过实验，学生要能区分螺栓与螺钉，并了解各种标准化零件的结构特点和使用情况，以及各类零件有哪些标准代号，以提高自己的标准化意识。

（1）螺栓：一般是与螺母配合使用于连接被连接零件，不需要在被连接的零件上加工螺纹。其连接结构简单，装拆方便，种类较多，应用最广泛，其国家标准有 GB5782～5786 六角头螺栓、GB31.1～31.3 六角头带孔螺栓、GB8 方头螺栓、GB27 六角头铰制孔用螺栓、GB37 T 型槽用螺栓、GB799 地脚螺栓及 GB897～900 双头螺栓等。

（2）螺钉：螺钉连接不用螺母，而是紧定在被连接件之一的螺纹孔中。其结构与螺栓相同，但头部形状较多以适应不同装配要求，常用于结构紧凑场合。其国家标准有 GB65 开槽圆柱头螺钉、GB67 开槽盘头螺钉、GB68 开槽沉头螺钉、GB818 十字槽盘头螺钉、GB819 十字槽沉头螺钉、GB820 十字槽半沉头螺钉、GB70 内六角圆柱头螺钉、GB71 开槽锥端紧定螺钉、GB73 开槽平端紧定螺钉、GB74 开槽凹端紧定螺钉、GB75 开槽长圆柱端紧定螺钉、GB834 滚花高头螺钉、GB77～80 各种内六角紧定螺钉、GB83～86 各类方头紧定螺钉、GB845～847 各类十字自攻螺钉、GB5282～5284 各类开槽自攻螺钉、GB6560～6561 各类十字头自攻锁紧螺钉及 GB825 吊环螺钉等。

（3）螺母：螺母形式有很多，按形状可分为六角螺母、四方螺母及圆螺母；按连接用途可分为普通螺母、锁紧螺母及悬置螺母等，应用最广泛的是六角螺母及普通螺母。其国家标准有 GB6170～6171、GB6175～6176 1 型及 2 型 A、B 级六角螺母；GB41 1 型 C 级螺母；GB6172A、B 级六角薄螺母；GB6173A、B 级六角薄型细牙螺母；GB6178，GB6180 1、2 型 A、B 级六角开槽螺母；GB9457、GB9458 1、2 型 A、B 级六角开槽细牙螺母；GB56 六角厚螺母；GB6184 六角锁紧螺母；GB39 方螺母；GB806 滚花高螺母；GB923 盖形螺母；GB805 扣紧螺母；GB812、GB810 圆螺母及小圆螺母；GB62 蝶形螺母等。

（4）垫圈：垫圈种类有平垫圈、弹簧垫及锁紧垫圈等，平垫圈主要用于保护被连接件的支撑面，弹簧垫及锁紧垫圈主要用于摩擦和机械防松场合，其国家标准有 GB97.1～97.2、GB95～96 及 GB848、GB5287 各类大、小及特大平垫圈；GB852 工字钢用方斜垫圈；GB853 槽钢用方斜垫圈；GB861.1 及 GB862.1 内齿、外齿锁紧垫圈；GB93、GB7244 及 GB859 各种类弹簧垫圈；GB854～855 单耳、双耳止动垫圈；GB856 外舌止动垫圈；GB858 圆螺母止动垫圈。

（5）挡圈：常用于轴端零件固定，其国家标准有 GB891～892 螺钉、螺栓紧固轴端挡圈；GB893.1～893.2A 型及 B 型孔用弹性挡圈；GB894.1～894.2A 型及 B 型轴用弹性挡圈；GB895.1～895.2 孔用、轴用钢丝挡圈；GB886 轴肩挡圈等。

（三）键、花键及销连接

（1）键连接：键是一种标准零件，通常用来实现轴与轮毂之间的周向固定以传递转矩，有的还能实现轴上零件的轴向固定或轴向滑动的导向，其主要类型有平键连接、楔键连接和切向键连接。各类键使用的场合不同，键槽的加工工艺也不同。可根据键连接的结构特点、使用要求和工作条件来选择，键的尺寸则应符合标准规格和强度要求来取定。其国家标准有 GB1096～1099 各类普通平键、导向键和各类半圆键，以及 GB1563～1566 各类楔键、切向键和薄型平键等。

（2）花键连接：花键连接是由外花键和内花键组成的，适用于定心精度要求高、载荷大或经常滑移的连接。花键连接的齿数、尺寸和配合等均按标准选取，可用于静连接或动连接。按其齿形可分为矩形花键（GB1144）和渐开线形花键（GB3478.1），矩形花键由于多齿工作，因此具有承载能力高、对中性好、导向性好、齿根较浅、应力集中较小和轴与毂强度削弱小等优点，广泛应用在飞机、汽车、拖拉机、机床及农业机械传动装置中；渐开线形花键连接受载时齿上有径向力，能起到定心作用，使各齿受力均匀。它具有强度高和寿命长等特点，主要用于载荷较大、定心精度要求较高，以及尺寸较大的连接。

（3）销连接：销按用途大体可分为3类，用来固定零件之间的相对位置时，称为"定位销"，是组合加工和装配时的重要辅助零件；用于连接时，称为"连接销"，可传递不大的载荷；作为安全装置中的过载剪断元件时，称为"安全销"。销有多种类型，如圆锥销、槽销、销轴和开口销等，这些均已标准化，其主要国家标准有GB119、GB20、GB878、GB879、GB117、GB118、GB881和GB877等。各种销都有各自的特点，圆柱销多次拆装会降低定位精度和可靠性；锥销在受横向力时可以自锁，安装方便，定位精度高，多次拆装不影响定位精度等。

以上几种连接，通过展柜的参观学生要仔细观察其结构及使用场合，并能分清和认识以上各类零件。

（四）机械传动

机械传动有螺旋传动、带传动、链传动、齿轮传动及蜗杆传动等，各种传动都有不同的特点和使用范围，这些传动知识学生在学习"机械设计"课程中都有详细讲授。在这里主要通过实物观察，增加学生对各种机械传动知识的感性认识，为理论学习及课程设计起到巩固的作用。

（1）螺旋传动：螺旋传动是利用螺纹工作的，作为传动件要保证螺旋副的传动精度、效率和磨损寿命等。其螺纹种类有矩形螺纹、梯形螺纹和锯齿螺纹等，按其用途可分传力螺旋、传导螺旋及调整螺旋3种；按摩擦性质可分为滑动螺旋、滚动螺旋及静压螺旋等。

滑动螺旋常为半干摩擦，特点为摩擦阻力大和磨损快，传动效率低（一般为30%～60%）。其结构简单，加工方便，易于自锁且运转平稳，但在低速时可能出现爬行现象；其螺纹有侧向间隙，反向时有空行程。定位精度和轴向刚度较差，要提高精度必须采用消隙机构。滑动螺旋应用于传力或调整螺旋时，要求自锁，常采用单线螺纹；用于传导时，为了提高传动效率及直线运动速度，常采用多线螺纹（线数 $n=3\sim4$）。滑动螺旋主要应用于金属切削机床进给、分度机构的传导螺纹、摩擦压力机及千斤顶的传动。

滚动螺旋因螺旋中含有滚珠或滚子，所以在传动时摩擦阻力小，传动效率高（一般在90%以上）。并且启动力矩小，传动灵活，但结构复杂、制造较难。滚动螺旋具有传动可逆性（可以把螺旋转动变为直线运动，也可以把直线运动变成螺旋转运动），为了避免螺旋副受载时逆转，应设置防止逆转的机构。其运转平稳，启动时无颤动，低速时不爬行；螺母与螺杆经调整预紧后，可得到很高的定位精度和重复定位精度（可达 $1\sim2\ \mu m$），并可提高轴的刚度。其工作寿命长、不易发生故障，但抗冲击性能较差。它的主要应用在以下 3 个方面：一是金属切削精密机床和数控机床、测试机械、仪表的传导螺旋和调整螺旋；二是起重机、升降机构和汽车、拖拉机转向机构的传力螺旋；三是飞机、导弹、船舶和铁路等自控系统的传导和传力螺旋。

静压螺旋是为了降低螺旋传动的摩擦，提高传动效率并增强螺旋传动的刚性和抗振性能，将静压原理应用于螺旋传动中制成静压螺旋。因为静压螺旋是液体摩擦，所以特点为摩擦阻力小和传动效率高（可达99%），但螺母结构复杂；其具有传动的可逆性，必要时应设置防止逆转的机构；工作稳定，无爬行现象；反向时无空行程，定位精度高，并有较高轴向刚度；磨损小及寿命长等。使用时需要一套压力稳定、温度恒定并有精滤装置的供油系统，主要用于精密机床进给和分度机构的传导螺旋。

（2）带传动：带传动是带被张紧（预紧力）而压在两个带轮上，主动带轮通过摩擦带动带以后，再通过摩擦带动从动带轮转动。它具有传动中心距大、结构简单和超载打滑（减速）等特点，常见的有平带传动、V 型带传动、多楔带及同步带传动等。

平带传动结构最简单，带轮容易制造，在传动中心距较大的情况下应用较多；V 型带为一整圈，无接缝，故质量均匀。在同样张紧力下，V 型带较平带传动能产生更大的摩擦力，再加上传动比较大、结构紧凑并标准化生产，因而应用广泛。

多楔带传动兼有平带和 V 型带传动的优点，柔性好、摩擦力大且能传递的功率大，并能解决多根 V 型带长短不一使各带受力不均匀的问题。它主要用于传递功率较大而结构要求紧凑的场合，传动比可达 10，带速可达 40 m/s。

同步带沿纵向制有很多齿，带轮轮面也制有相应齿。它是靠齿的啮合进行传动的，可使带与轮的速度一致。

（3）链传动：链传动是由主动链轮齿带动链以后又通过链带动从动链轮，属于带有中间挠性件的啮合传动。与摩擦传动的带传动相比，链传动无弹性滑动和打滑现象，并能保持准确的平均传动比，传动效率高。按用途不同可分为传动链传动、输送链传动和起重链传动。输送链和起重链主要用在运输和起重机械中，而在一般机械传动中常用的是传动链，传动链有短节距滚子链和齿形链等。

在滚子链中为使传动平稳和结构紧凑，宜选用小节距单排链；当速度高和功率大时则选用小节距多排链。

齿形链又称"无声链"，由一级带有两个齿的链板左右交错并列铰链而成。它设有导板，以防止链条在工作时发生侧向窜动。与滚子链相比，齿形链传动平稳、无噪声、承受冲击性能好且工作可靠。

链轮是链传动的主要零件，链轮齿形已标准化（GB1244、GB10855），链轮设计主要是确定链轮的结构尺寸、选择材料及热处理方法等。

（4）齿轮传动：齿轮传动是机械传动中最重要的传动之一，形式多并应用广泛，其主要特点是效率高、结构紧凑、工作可靠和传动比稳定等。它可做成开式、半开式及封闭式传动。失效形式主要有轮齿折断、齿面点蚀、齿面磨损、齿面胶合及塑性变形等。

常用的渐开线齿轮有直齿圆柱齿轮传动、斜齿圆柱齿轮传动、标准锥齿齿轮传动和圆弧圆柱齿传动等，齿轮传动啮合方式有内啮合、外啮合、齿轮和齿条啮合等。学生观看时一定要了解各种齿轮特征、主要参数的名称及几种失效形式的主要特征，使实验与理论教学上产生互补作用。

（5）蜗杆传动：蜗杆传动是在空间交错的两轴间传递运动和动力的一种传动机构，两轴线交错的夹角可为任意角，常用的为90°。

蜗杆传动的特点是当使用单头蜗杆（相当于单线螺纹）时蜗杆旋转一周，蜗轮只转过一个齿距，因此能实现大传动比。在动力传动中，一般传动比为 5~80；在分度机构或手动机构的传动中，传动比可达 300；若只传递运动，传动比可达 1 000。由于传动比大，零件数目又少，因此结构很紧凑。在传动中，蜗杆齿是连续不断的螺旋齿，与蜗轮啮合是逐渐进入与逐渐退出的，故冲击载荷小、传动平稳、噪声低。但当蜗杆的螺旋线升角小于啮合面的当量摩擦角时，蜗杆传动产生自锁。蜗杆传动与螺旋传动相似，在啮合处有相对滑动。当速度很高，工作条件不够良好时会产生严重摩擦与磨损，引起发热。摩擦损失较大，效率低。

根据蜗杆形状的不同可分为圆柱蜗杆传动、环面蜗杆传动和锥面蜗杆传动，通过实验，学生应了解蜗杆传动的结构及蜗杆减速器的种类和形式。

（五）轴系零部件

（1）轴承：现代机器中广泛应用的部件之一，根据摩擦性质不同可分为滚动轴承和滑动轴承两大类。滚动轴承由于摩擦系数小，启动阻力小，而且已标准化（GB /T281、GB/T276、GB/T288、GB/T292、GB/T285、GB/T5801、GB/T297、GB/T301、GB/T4663、GB/T5859

等），选用、润滑和维护都很方便，因此在一般机器中应用较广。滑动轴承按其承受载荷方向的不同可分为径向滑动轴承和止推轴承；按润滑表面状态的不同可分为液体润滑轴承、不完全液体润滑轴承及无润滑轴承（指工作时不加润滑剂）；根据液体润滑承载机理的不同，可分为液体动力润滑轴承（简称"液体动压轴承"）和液体静压润滑轴承（简称"液体静压轴承"）。

轴承理论课程将详细讲授机理、结构和材料等，并且还有实验与之相配合。这次实验学生主要了解各类和各种轴承的结构及特征，扩大自己的眼界。

（2）轴：轴是组成机器的主要零件之一，一切做回转运动的传动零件（如齿轮和蜗轮等）都必须安装在轴上才能进行运动及动力的传递，轴的主要功用是支撑回转零件及传递运动和动力。

按承受载荷的不同，轴可分为转轴、心轴和传动轴 3 类；按轴线形状的不同，轴可分为曲轴和直轴两大类，直轴又可分为光轴和阶梯轴。光轴形状简单、加工容易，应力集中源少，但轴上的零件不易装配及定位；阶梯轴正好与光轴相反。所以光轴主要用于心轴和传动轴，阶梯轴则常用于转轴；此外，还有一种钢丝软轴（挠性轴），它可以把回转运动灵活地传到不开敞的空间位置。

轴的失效形式主要是疲劳断裂和磨损，防止失效的措施是从结构设计上力求降低应力集中（如减小直径差和加大过渡圆半径等），提高轴的表面品质。并且降低轴的表面粗糙度，对轴进行热处理或表面强化处理等。

轴上零件的固定主要是轴向固定和周向固定，轴向固定可采用轴肩、轴环、套筒、挡圈、圆锥面、圆螺母、轴端挡圈、轴端挡板、弹簧挡圈及紧定螺钉等连接方式；周向固定可采用平键、楔键、切向键、花键、圆柱销、圆锥销及过盈配合等连接方式。

轴看似简单，但其知识比较丰富，完全掌握是很不容易的，只能通过理论学习及实践知识的积累（多观察）逐步掌握。

（六）弹簧

弹簧是利用材料的弹性和结构特点，使变形与载荷之间保持规定关系的一种弹性元件。在各类机械中应用十分广泛。主要应用在以下 4 个方面：一是控制机构的运动，如制动器及离合器中的控制弹簧，内燃机气缸的阀门弹簧等；二是减振和缓冲，如汽车和火车车厢下的减振簧及各种缓冲器用的弹簧等；三是储存及输出能量，如钟表弹簧和枪内弹簧等；四是测量力的大小，如测力器和弹簧秤中的弹簧等。

弹簧的种类比较多，按承受的载荷不同可分为拉伸弹簧、压缩弹簧、扭转弹簧及弯曲弹簧 4 种；按形状的不同可分为螺旋弹簧、环形弹簧、碟形弹簧、板簧和平面涡卷弹簧等。学生观看时要看清各种弹簧的结构与材料，并能与名称对应起来。

（七）润滑剂及密封

（1）润滑剂：在摩擦面间加入润滑剂不仅可以降低摩擦、减轻磨损并保护零件不遭锈蚀，而且在采用循环润滑时还能起到散热降温的作用。由于液体的不可压缩性，所以润滑油膜还具有缓冲和吸振的能力。使用膏状润滑脂既可防止内部的润滑剂外泄，又可阻止外部杂质侵入，避免加剧零件的磨损，起到密封作用。

润滑剂可分为气体、液体、半固体和固体 4 种基本类型，在液体润滑剂中应用最广泛的是润滑油，包括矿物油、动植物油、合成油和各种乳剂。半固体润滑剂主要是指各种润滑脂，它是润滑油和稠化剂的稳定混合物；固体润滑剂是任何可以形成固体膜以减少摩擦阻力的物质，如石墨、三硫化钼和聚四氟乙烯等；任何气体都可作为气体润滑剂，其中用得最多的是空气，主要用在气体轴承中。各类润滑剂润滑的原理在一般的教科书中都会讲到，液体和半固体润滑剂在生产中其成分及各种分类（品种）都是严格按照国家有关标准生产的。学生不但要了解展柜展出油剂、脂剂各种实物、润滑方法与润滑装置，还应了解其相关国家标准，如润滑油的黏度等级 GB3141 标准；石油产品及润滑剂的总分类 GB498 标准；润滑剂 GB7631.1～7631.8 标准等。国家标准中油剂有 20 大组类和 70 余个品种，脂剂有 14 个品种等。

（2）密封：机器在运转过程及气动和液压传动中需要润滑剂、气、油润滑、冷却和传力保压等，在零件的接合面、轴的伸出端等处容易产生油、脂、水和气等渗漏。为了防止这些渗漏，在这些地方常要采用一些密封的措施。密封的方法和类型有很多，如填料密封、机械密封、O 形圈密封、迷宫式密封、离心密封和螺旋密封等，这些密封广泛应用在泵、水轮机、阀、压气机、轴承和活塞等部件的密封中。学生在观看时应认清各类密封零件及应用场合。

1.2.4　机械零件认知复习题

（一）螺纹连接及标准紧固件

（1）螺纹牙型常见的有_____、_____、_____、_____、_____，常用于连接的有_____、_____，用于传动的有_____、_____、_____。

（2）螺栓连接用于_____，双头螺柱连接用于_____，螺钉连接用于_____，紧定螺钉用于_____。

（3）螺纹连接防松的目的是＿＿＿＿＿＿，常用的摩擦防松有＿＿＿＿＿、＿＿＿＿＿、＿＿＿＿＿等形式。常用的机械防松有＿＿＿＿＿、＿＿＿＿＿、＿＿＿＿＿＿＿等形式。

（4）螺纹连接预紧的目的是＿＿＿＿＿＿＿＿＿＿。

（5）螺纹连接主要失效形式是＿＿＿＿＿＿＿＿＿＿＿，常发生在＿＿＿＿＿＿＿＿＿＿。

（二）轴上零件固定

（1）轴上零件周向固定常采用＿＿＿＿＿＿等方法，而轴向固定常采用＿＿＿＿＿＿等方法。

（2）键连接的作用是＿＿＿＿＿＿，常见的类型有＿＿＿＿＿、＿＿＿＿＿、＿＿＿＿＿、＿＿＿＿＿等 4 种。

（3）平键的工作面是＿＿＿＿＿＿＿面，楔键的工作面是＿＿＿＿＿＿＿面，平键的主要失效形式是＿＿＿＿＿＿。

（三）带传动

（1）带传动主要由＿＿＿＿＿、＿＿＿＿＿、＿＿＿＿＿组成，它是靠＿＿＿＿＿＿与＿＿＿＿＿之间的＿＿＿＿＿＿传递运动和扭矩的。传动带按截面形状分＿＿＿＿＿、＿＿＿＿＿、＿＿＿＿＿、＿＿＿＿＿等。V 型带的标准截面按由小到大分为＿＿＿＿＿、＿＿＿＿＿、＿＿＿＿＿、＿＿＿＿＿、＿＿＿＿＿、＿＿＿＿＿、＿＿＿＿＿等 7 种。

（2）V 型带的基准长度是指＿＿＿＿＿＿＿＿＿＿＿＿＿＿＿＿＿＿＿＿＿＿。

（3）带传动不能用于精确传动的原因是＿＿＿＿＿＿＿＿＿＿＿＿＿＿＿＿＿＿＿。

（4）带张紧的目的是＿＿＿＿＿＿＿＿，常用的张紧装置有＿＿＿＿＿、＿＿＿＿＿、＿＿＿＿＿等 3 种。

（5）带传动的最大应力发生在＿＿＿＿＿＿＿＿＿＿＿＿＿＿＿＿＿＿＿，带每绕两带轮循环一周，作用在带上某点的应力变化＿＿＿＿＿＿＿＿次，因此带的破坏形式主要是＿＿＿＿＿＿＿＿＿＿＿＿。

（6）V 型带比平带在同样张紧力下能产生更＿＿＿＿＿＿＿＿的摩擦力，其原因是＿＿＿＿＿＿＿＿。

1.2.5　实验报告

实验报告应包括实验目的、实验内容和完成指导教师布置的机械零件认知习题，撰写实验心得体会。

1.3　机械结构认知

1.3.1　实验目的

（1）了解常用连接的类型、特点及应用。

（2）了解机械传动的类型、工作原理、组成结构及失效形式。

（3）了解常用的润滑剂及密封装置。

（4）了解轴系零部件的类型、组成结构及失效形式。

1.3.2 实验设备

JS-18B 机械零件陈列柜包含 18 个模型陈列柜，主要展示机械中有关连接、传动、轴承及其他通用零件的基本类型、结构形式和设计知识。具体包括螺纹连接的类型，螺纹连接的应用，键、花键和无键连接，铆、焊、胶接和过盈配合连接，带传动，链传动，齿轮传动，蜗杆传动，滑动轴承，滚动轴承，滚动轴承装置设计，联轴器，离合器，轴的分析与设计，弹簧，减速器，润滑与密封，小型机械结构设计实例。

通过各种零件的展示认识机器常用的基本零件，使理论与实际对应起来，从而增强对机械零件的感性认识，并通过展示的机械设备和机器模型等，使学生清楚地认识机器的基本组成要素——机械零件。

1.3.3 实验内容

（一）连接

机械中的连接按机械工作时被连接零部件间是否有相对运动分为静连接与动连接，工作时，被连接零部件间无相对运动的连接称为"静连接"，常见的有螺纹连接、键连接（导向平键连接除外）、花键连接（导向花键连接除外）和销连接等。

1. 螺纹连接

螺纹连接是利用带螺纹的零件构成的一种可拆连接，这种连接结构简单、工作可靠、形式多样、装拆方便、成本低且应用非常广泛。

螺纹的分类如下。

（1）根据牙型（通过螺纹轴线剖面的螺纹牙形状）不同，可分为三角形（普通螺纹和管螺纹）、矩形、梯形、锯齿形和特殊形状的螺纹。

（2）根据螺纹分布的部位，可分为外螺纹和内螺纹，在圆柱体外表面上形成的螺纹称为"外螺纹"；在圆柱孔内壁上形成的螺纹称为"内螺纹"；内、外螺纹两者旋合组成的运动副称为"螺纹副"或"螺旋副"。

（3）根据螺旋线的旋向，可分为左旋螺纹和右旋螺纹。设备中一般采用右旋螺纹，有特殊要求时，才采用左旋螺纹。

螺纹连接的主要类型为螺栓连接（普通螺栓和铰制孔用螺栓）、双头螺柱连接、螺钉连接和紧定螺钉连接。

在机械设备中常用的标准螺纹连接件有螺栓、双头螺柱、螺钉、螺母和垫圈等，这类零件的结构形式和尺寸都已标准化，设计时应根据有关标准选用。

按防松原理螺纹连接的防松可分为摩擦防松、机械防松和永久止动防松 3 种。

2．键连接

键连接主要用来实现轴和轴上零件（如齿轮和带轮等）的周向固定以传递转矩，有的还能实现轴上零件的轴向固定以传递轴向力，有的则能构成轴向可动连接。

键有多种类型，根据键的形状可分为平键、半圆键、楔键和切向键几大类，均有相应的国家标准。

3．花键连接

花键连接由轴和毂孔上均匀分布的多个键齿和键槽组成，齿侧面为工作面。花键连接齿槽较浅，具有对轴与轮毂的强度削弱较少、应力集中小、承载能力强，以及对中性好和导向性能好等优点。但需专用的加工设备、刀具和量具加工，成本较高。花键连接适用于承受重载荷或变载荷及定心精度高的固定连接和可动连接。

根据齿形不同分为矩形花键连接和渐开线花键连接两类，它们均已标准化。

4．销连接

销主要用来固定零件之间的相对位置，是组合加工和装配时的主要辅助零件。传递载荷不大时，也可用于轴毂的连接或其他零件的连接，还可作为安全装置中的过载剪断元件。

销有多种类型，如圆柱销、圆锥销、槽销、开口销和销轴等，它们均已标准化。

5．铆接、胶接和焊接连接

铆接是一种早就使用的简单的机械连接，主要由铆钉和被连接件组成；胶接是利用胶黏剂在一定条件下把预制元件连接在一起，并具有一定的连接强度；焊接连接的方法有很多，如电焊、气焊和电渣，其中尤以电焊应用最广。

（二）机械传动

传动装置置于原动机与工作部分之间，把原动机的运动参数、运动形式和动力参数变换为工作机所需的运动参数、运动形式和动力参数，所以它是大多数机器中不可缺少的主要组成部分。

常用的机械传动的类型有带传动、链传动、齿轮传动、蜗杆传动和螺旋传动。

1．带传动

带传动是在两个或多个带轮之间用带作为挠性传动元件的传动，工作时依靠零件之间的摩擦或啮合来传递运动和动力。带传动一般由主动轮、从动轮和传动带组成。

根据工作原理不同，带传动可分为摩擦型带传动和啮合型带传动两类。

根据带的横截面形状，摩擦型带传动又可分为平带传动、圆带传动和 V 型带传动及圆带传动等。平带传动结构简单、制造容易、传动效率较高且带的寿命较长，在传动中心距较大的情况下应用较多；圆带传动常用于低速、轻载和小功率的机器中；V 型带传动是应用最广的一种带传动。平带传动和 V 型带传动的失效形式为打滑和疲劳破坏。

啮合型带传动则是依靠带内周的等距横向齿与带轮相应齿槽间的啮合传递运动和动力，同步带传动属于啮合型带传动。

2．链传动

链传动由主动链轮、从动链轮和绕在两轮上的一条闭合链条所组成，它靠链条与链轮齿之间的啮合来传递运动和动力。

链有多种类型，按用途可分为传动链、起重链和牵引链 3 种。起重链和牵引链用于起重机械和运输机械；在一般机械中，最常用的是传动链，其主要类型有短节距精密滚子链（简称"滚子链"）和齿形链等。

链传动的失效形式包括疲劳破坏、铰链磨损、铰链胶合和链被拉断。

3．齿轮传动

齿轮传动具有传递速度快和功率范围广、传动比稳定和传动效率高、工作可靠且使用寿命长，以及结构紧凑等优点，适用于平行轴、相交轴和交错轴之间的传动，是近代机器中应用最广泛的一种传动机构。

用于两轴线平行的齿轮传动有外啮合直齿圆柱齿轮传动、外啮合斜齿圆柱齿轮传动、外啮合人字齿圆柱齿轮传动、齿轮齿条传动和内啮合圆柱齿轮传动。

用于两轴线不平行的齿轮传动有直齿圆锥齿轮传动、斜齿圆锥齿轮传动、曲齿圆锥齿轮传动和交错轴斜齿轮传动。

齿轮的失效形式包括轮齿折断、齿面点蚀、齿面胶合、齿面磨损和齿面塑性变形。

4．蜗杆传动

蜗杆传动由蜗杆和蜗轮组成，用于传递空间两交错轴之间的回转运动和动力。轴交角一般为 90º，传动中蜗杆常为主动件。

蜗杆传动能以紧凑的结构获得较大的传动化，在蜗杆传动中蜗杆推动蜗轮转动就像螺旋传动中螺杆推动螺母一样轮齿齿面连续滑入进行啮合，没有振动、冲击和噪声。

蜗杆传动有多种类型，根据蜗杆的外部形状可分为圆柱蜗杆传动、环面蜗杆传动和锥蜗杆传动。圆柱蜗杆传动又分为普通圆柱蜗杆传动和圆弧齿圆柱蜗杆传动，普通圆柱蜗杆可分为阿基米德蜗杆、渐开线蜗杆及延伸渐开线蜗杆 3 种。

蜗杆传动的主要失效形式与齿轮传动相似，有轮齿折断、齿面疲劳点蚀、齿面的磨损和胶合等。蜗杆传动由于齿面间相对滑动速度大、发热量大而更易发生磨损和胶合。

5. 螺旋传动

螺旋传动由螺杆和螺母组成，主要用于将旋转运动变换为直线运动，也可以把直线运动变换为旋转运动。

螺旋传动按其用途可以分为如下 3 种类型。

（1）传力螺旋：以传递动力为主，一般要求用较小的力矩转动螺杆（或螺母）产生轴向运动和较大的轴向推力。传力螺旋多用在工作时间较短且速度较低的场合，通常需要有自锁功能，用于千斤顶和压力机等。

（2）传导螺旋：以传递运动为主，要求具有较高的传动精度、速度较高且能较长时间连续工作，如机床的进给机构。

（3）调整螺旋：用于调整并固定零部件之间的相对位置，如螺旋测微器中的螺旋。

（三）轴系零部件

1. 轴承

轴承是机器中用来支撑轴的一种重要零件，功能是支撑轴及轴上零件，并保持轴的旋转精度；同时减小转动的轴与支撑轴之间的摩擦和磨损。轴承按其工作时的摩擦性质分为滑动轴承和滚动轴承两类。

（1）滑动轴承。

滑动轴承工作时的摩擦性质为滑动摩擦，根据其轴承工作表面间的摩擦状态不同分为非液体摩擦轴承、液体摩擦轴承和干摩擦轴承。滑动轴承的结构主要有整体式和剖分式等多种形式。

轴瓦是轴承中直接和轴颈接触的零件，其主要的失效形式是磨损和胶合（粘着磨损），其他常见的失效形式还有压溃、刮伤、疲劳剥伤、腐蚀和由于工艺原因出现的轴承衬脱落等。

轴瓦常用材料为轴承合金（又称"白合金"和"巴氏合金"）、青铜、铝合金、灰铸铁及耐磨铸铁等。

（2）滚动轴承。

滚动轴承工作时的摩擦性质为滚动摩擦，具有摩擦阻力小、启动快、效率高（$\eta = 0.98 \sim$

0.99）、润滑和维护方便、易于互换、运转精度高和轴承组合结构较简单等优点，故在中速、中载和一般工作条件下运转的机器中得到广泛应用。

滚动轴承的基本结构由内圈、外圈、滚动体和保持架组成。

滚动轴承为标准件，按滚动体的形状可分为球轴承和滚子轴承。

2. 联轴器和离合器

（1）联轴器。

联轴器是机械传动中的一种常用轴系部件，它的基本功能是连接两轴并传递运动和转矩。

联轴器的类型较多，通常按照组成中是否具有弹性变形元件划分为刚性联轴器和弹性联轴器两大类。

常用的刚性固定式联轴器中应用较多的有套筒式、夹壳式和凸缘式等结构类型，常用的刚性可移式联轴器有滑块联轴器、齿式联轴器和万向联轴器。

常用的弹性联轴器有弹性套柱销联轴器、弹性柱销联轴器和梅花形弹性联轴器，它们都已标准化，可供设计时选用。

（2）离合器。

离合器是一种常用的轴系部件，用来实现机器工作时能随时使两轴接合或分离。

离合器种类较多，根据实现离合动作的方式不同，分为操纵离合器和自动离合器两大类。无论是操纵离合器还是自动离合器，在结构上都离不开接合元件。按照接合元件的工作原理，其类型有嵌合式和摩擦式两种基本类型。

常用的操纵离合器有操纵式牙嵌离合器和操纵式圆盘摩擦离合器等，常用的自动离合器有超越离合器和安全离合器等。

3. 轴

轴是组成机器的重要零件之一，它的主要功能是支撑轴承上零件，并使其具有确定的工作位置传递运动和动力。

根据轴的承载情况不同，轴可分为心轴（工作时只承受弯矩而不传递转矩）、转轴（工作时既承受弯矩又传递转矩）和传动轴（工作时主要承受传递转矩，不承受弯矩或弯矩很小）3类。

根据轴线的形状，轴可分为直轴、曲轴和挠性钢丝轴。直轴按其外形不同，可分为光轴（轴外径相同）和阶梯轴两种。光轴形状简单，加工容易且应力集中源少，但轴上的零件不易装配和定位；阶梯轴是指各轴段外径不同的直轴，特点是便于轴上零件的装拆、定位与紧固，在机器中应用广泛。

（四）其他零部件

1. 弹簧

弹簧是一种弹性元件，具有多次重复地随外载荷的大小而做相应的弹性变形，卸载后又能很快恢复原状的特性。很多机械正是利用弹簧的这一特性来满足某些特殊要求。

弹簧种类较多，但应用最多的是圆柱螺旋弹簧。按照载荷划分有拉伸弹簧、压缩弹簧和扭转弹簧 3 种基本类型。

2. 减速器

减速器是指原动机与工作机之间独立的闭式传动装置，用来降低转速和相应地增大转矩。减速器的种类很多，常见的有单级圆柱齿轮减速器、二级展开式圆柱齿轮减速器、圆锥齿轮减速器、圆锥和圆柱齿轮减速器、蜗杆减速器和蜗杆—齿轮减速器等。无论哪种减速器，都是由箱体、传动件和轴系零件，以及附件所组成的。

（五）润滑剂及密封装置

1. 润滑剂

润滑剂可以降低机械中的摩擦、减轻磨损、提高效率、延长机件的使用寿命且保护零件不遭锈蚀；同时起到冷却、吸振和散热降温的作用。

常用的润滑剂分为润滑油和润滑脂。

（1）润滑油。

润滑油有动物油、植物油、矿物油和合成油，矿物油（主要是石油产品）来源充足、成本低廉、适用范围广且稳定性好，故应用最多。

黏度是润滑油中最重要的物理性能指标，它标志着流体流动时内摩擦阻力的大小。黏度越大，内摩擦阻力越大，即流动性越差。润滑油的黏度随温度而变化的情况十分明显，黏度将随温度的升高而降低。

（2）润滑脂。

润滑脂是润滑油与稠化剂（如钙、锂和钠的金属皂）的膏状混合物，锥入度（稠度）是它的主要质量指标。锥入度是指一个质量为 150 g 的标准锥体在 25℃恒温下，由润滑脂表面经 5 s 刺入的深度（以 0.1 mm 计）。

2. 密封装置

密封的目的是防止润滑剂的渗漏和防止灰尘、水分及其他杂物进入机器内部。

密封方法可分为两大类，即接触式密封和非接触式密封，前者包括毛毡密封和皮碗密封；后者包括间隙式密封和迷宫式密封。

1.3.4 思考题

（1）可拆卸连接和不可拆卸连接的主要类型有哪几种？

（2）传动带按截面形式分哪几种？带传动有哪几种失效形式？

（3）传动链有哪几种？链传动的主要失效形式有哪几种？

（4）齿轮传动有哪些类型？各有何特点？齿轮的失效形式主要有哪几种？

（5）蜗杆传动的主要类型有哪几种？蜗杆传动的主要失效形式有哪几种？

（6）轴按承载情况分为哪几种？

（7）轴承根据工作时的摩擦性质分为哪几类？滚动轴承的主要失效形式有哪几种？

（8）润滑剂的主要性能指标是什么？工作中常见的润滑剂有哪几种？

（9）密封分为哪几类？

（10）联轴器与离合器各分为哪几类？各满足哪些基本要求？

1.3.5 实验报告

实验报告应包括实验目的和实验设备，自选一种结构分析其功能原理和工程应用特点，提出自己的设计方案并对比分析。针对实验中遇到的问题提出解决的方法，最后写出心得体会。

第 2 章　验证性实践

验证性实践是指对分析对象有一定了解，并形成了一定认识或提出某种假说，为验证这种认识或假说是否正确而进行的一种实践。本章内容包括机构运动简图测绘、渐开线齿廓范成原理、直齿圆柱齿轮参数测定、转子动平衡演示、螺栓连接性能测试、带传动性能测试，以及减速器拆装。

2.1　机 构 运 动 简 图 测 绘

2.1.1　实验目的

（1）熟悉各种运动副、构件及机构的代表符号。

（2）掌握平面机构运动简图测绘的基本方法。

（3）验证并巩固机构自由度的计算方法。

（4）掌握根据实际机械或模型的结构来分析机构组成的方法。

2.1.2　实验内容

依据指导教师提供的各种机械实物或模型绘制机构运动简图，计算机构自由度并分析机构的运动及其组成原理。

2.1.3　实验设备和用具

（1）几种机器（如冲床等）的实物或模型。

（2）测量工具包括钢尺、卷尺和内外卡钳。

（3）绘制用具包括三角板、圆规、铅笔和草稿纸。

2.1.4　实验原理、方法和步骤

（一）实验原理

在已知原动件的运动规律的情况下，机构的运动只与构件的数目和连接构件的运动副的类型、数目及其相对位置有关，而与构件的几何形状和运动副的具体结构无关。所以在绘制机构运动简图时，可以撇开构件的复杂外形及运动副的具体构造，而用国标规定的符号来表示构件和运动副（见表 2.1～表 2.3），并按照一定的比例尺寸确定各个运动副的相对

位置绘制出能真实反映机构在某一位置时各构件间相对运动关系的简图，即机构运动简图。利用机构运动简图可以方便地计算机构自由度，以此为基础还可以分析机构的运动学和动力学特性。

表 2.1 常用机构运动副的符号（GB4460-84）

运动副名称		运动副符号	
		两运动构件构成的运动副	两构件之一为固定时的运动副
平面运动副	转动副		
		注释：平面 5 级低副，自由度为 1，引入 2 个转动约束和 3 个移动约束	
	移动副		
		注释：平面 5 级低副，自由度为 1，引入 3 个转动约束和 2 个移动约束	
	平面高副		
		注释：平面 4 级高副，自由度为 2，引入 2 个转动约束和 2 个移动约束	
空间运动副	螺旋副		
		注释：空间 5 级低副，自由度为 1，引入 2 个转动约束和 3 个移动约束或者引入 3 个转动约束与 2 个移动约束	

（续表）

运动副名称	运动副符号	
	两运动构件构成的运动副	两构件之一为固定时的运动副
球面副和球销副	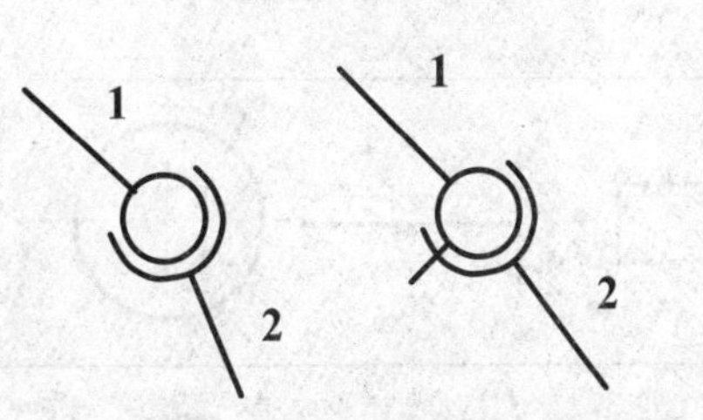	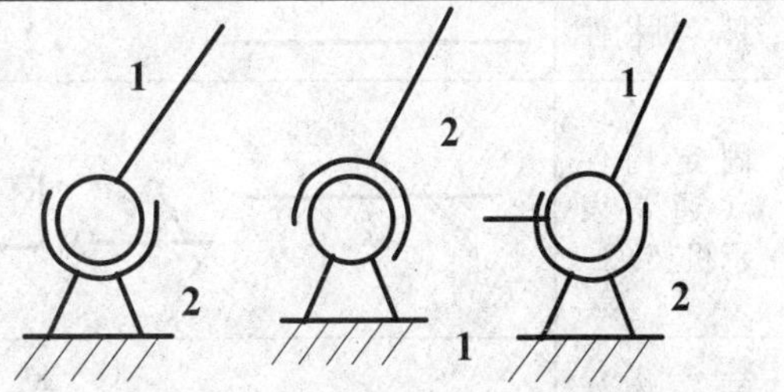
	注释：球面副为空间 3 级低副，自由度为 3，引入 3 个移动约束；球销副为空间 4 级低副，自由度为 2，引入 1 个转动约束和 3 个移动约束	

表 2.2　常用机构运动简图的符号

机构名称	简图符号	机构名称	简图符号
在机架上的电动机	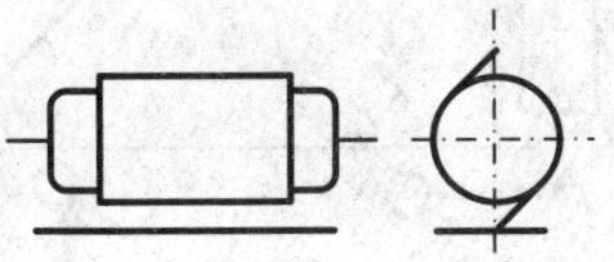	齿轮齿条传动	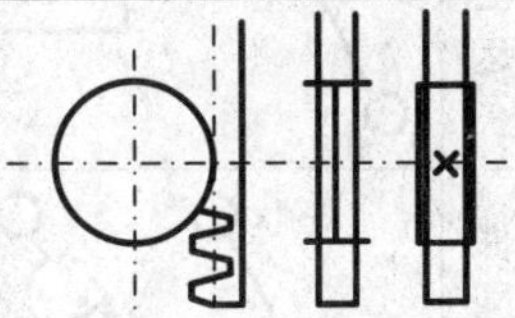
带传动	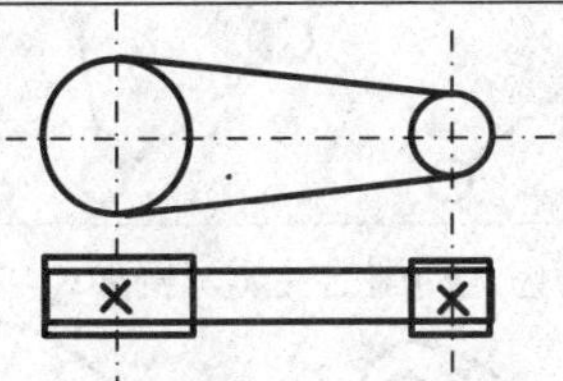	圆锥齿轮传动	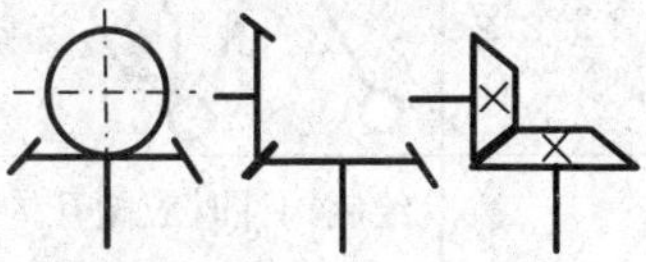
链传动	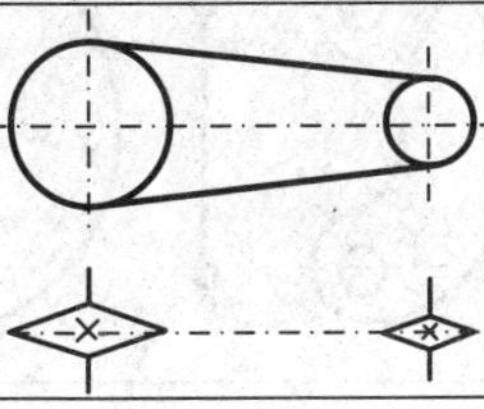	圆柱蜗杆蜗轮传动	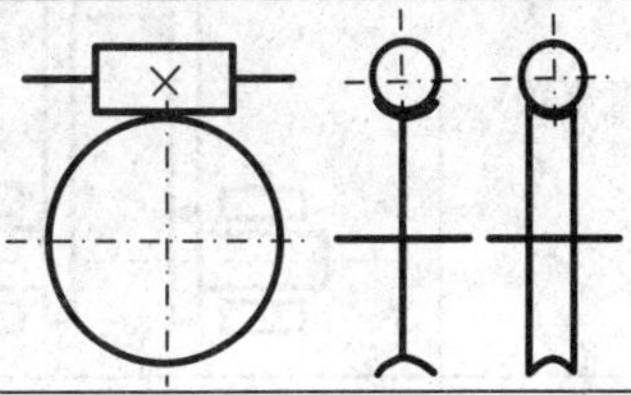
外啮合圆柱齿轮传动	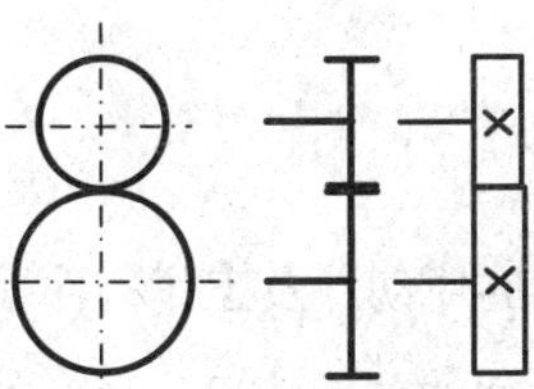	凸轮传动	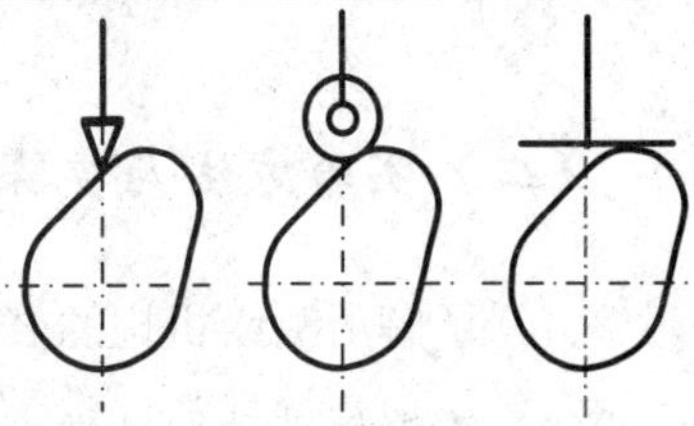
内啮合圆柱齿轮传动	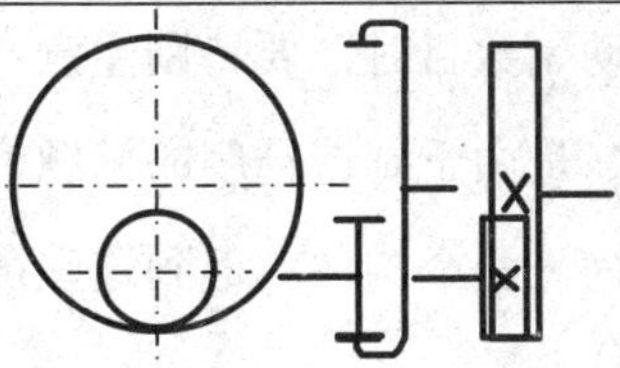	棘轮机构	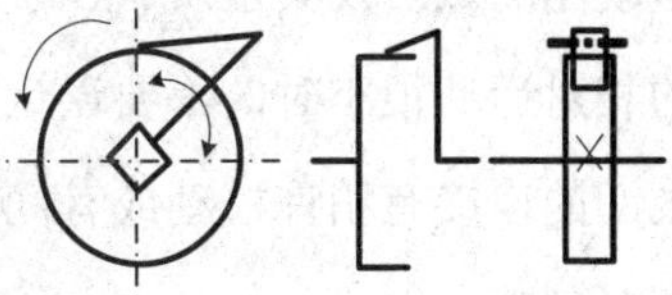

表 2.3　一般构件的表示方法

构件名称	常用符号
杆、轴构件	
固定构件（通常表示机架）	
同一构件（通常表示两构件的永久连接）	
两副构件（表示同一构件上内含 2 个运动副）	
三副构件（表示同一构件上内含 3 个运动副）	
注意事项	绘制构件时应撇开构件的实际外形，而只考虑运动副的性质，例如：

（二）实验方法与步骤

（1）了解所测绘机构的名称与功用，查清机构的原动件及工作构件（执行构件）。

（2）缓慢地转动原动件，细心观察运动在构件间的传递情况，了解并分析活动构件及运动副的数目及其性质。在了解活动构件及运动副数目时，要特别注意：一是当两构件间的相对运动很小时，不要误认为是一个构件；二是由于制造精度的问题，同一构件各部分之间的连接有稍许松动或有间隙时，不要误认为是两个构件。遇到这些情况要仔细分析，正确判断。

（3）要选择最能表示机构特征的平面作为绘制简图的视图投影平面；同时要将原动件放在一适当位置，以使机构运动简图最为清晰。

（4）按 GB4460-84 中规定的符号绘制机构运动简图时，应根据机构组成原理，从原动件开始。先画运动副，再用直线段连接属于同一构件上的各个运动副，即得出各相应的构件。原动件的运动方向要用箭头标出，初步绘制时，可按大致比例（称之为"机构示意图"）绘制。并从原动件开始分别用 1、2、3 等数字表示各构件，用 A、B、C 等字母表明各运动副。

（5）仔细测量机构的各运动学尺寸（如转动副的中心距和移动副导路的位置等），对于高副则应仔细测出其轮廓曲线及其位置，然后以一适当的比例尺 μ_1 绘制出正式的机构运动简图（μ_1=实际长度/图上长度，单位为 m/mm）。

（三）机构自由度计算

对于平面机构，其自由度数 F 可按式（2-1）计算：

$$F = 3n - (2P_L + P_H - p') - F' \tag{2-1}$$

式中：n 为机构中活动构件的数目（等于机构的构件总数减 1）；

P_L 为机构中低副的数目；

P_H 为机构中高副的数目；

p' 为虚约束数目（由虚约束部分带入的构件数 n'、低副数 P_L' 及高副数 P_H'，按式 2-2 计算得到）

$$p' = 2P_L' + P_H' - 3n' \tag{2-2}$$

F' 为局部自由度数目。

在计算时，要注意机构中可能出现的复合铰链、局部自由度和虚约束等。再由机构确定运动的条件判断自由度计算结果的正确与否，如有出入，应找出原因并纠正。最后根据机构运动简图及自由度数值分析机构的组成。

2.1.5　注意事项

（1）在机构运动简图中应正确标出有关运动构件的序号等。

（2）注意一个构件在中部与其他构件用转动副连接的表示方法。

（3）机架的尺寸不要遗漏。

（4）两个运动副不在同一平面时，应注意其相对位置尺寸的测量方法。

2.1.6　思考题

（1）什么是机构？构件与零件有何联系和区别？

（2）什么是运动副？常用的运动副的规定符号有哪些？

（3）什么是机构运动简图？一张正确的机构运动简图应包括哪些必要的内容？绘制机构运动简图时，原动件的位置能否任意选定？会不会影响运动简图的正确性？

（4）机构具有确定运动的条件是什么？

（5）什么是复合铰链、局部自由度和虚约束？

（6）什么是基本杆组？

（7）自由度大于或小于原动件的数目时，会产生什么结果？

2.1.7　实验报告

实验报告应包括实验目的、实验内容、实验设备、实验原理、实验步骤、实验结果分析，实验记录机构运动简图测绘实验报告表（见附表 A），并完成指导教师布置的思考题。

附表 A　机构运动简图测绘实验报告表

课程名称：　　　　　实验名称：　机构运动简图绘制实验　　　指导教师：

班级学号：　　　　　学生姓名：　　　　　实验日期：　　　　月　　　日

机构名称			机构运动简图比例尺	$\mu_l =$
机构运动简图的绘制				
自由度计算	活动构件数 $n=$	局部自由度数目 $F'=$	机构的自由度数：$F=3n-(2P_L+P_H)-F'$ =	
	低副数 $P_L=$			
	高副数 $P_H=$			

2.2　渐开线齿廓范成原理

2.2.1　实验目的

（1）掌握用范成法切制渐开线齿轮的基本原理，观察齿廓渐开线部分及过渡曲线部分的形成过程。

（2）了解渐开线轮齿的根切现象及采用变位修正来避免根切的方法。

（3）分析比较标准齿轮与变位齿轮的异同点，了解变位后对齿轮尺寸产生的影响。

2.2.2　实验内容

用范成仪在齿廓范成圆盘纸（以下简称"圆盘纸"）上（预先画好分度圆、齿顶圆、齿根圆及 3 个区域）依次用铅笔描绘出齿条刀具相对于轮坯在各个位置的包络线，即形成被切齿轮的渐开线齿廓。然后分别在 3 个区域内画出标准齿轮、正变位齿轮和负变位齿轮，以做分析比较。

2.2.3　实验设备和用具

（1）齿轮范成仪（每组一台）。

（2）一张剪好的圆盘纸（自备）。

（3）绘制用具包括直尺、三角板、量角器、铅笔、红铅笔和橡皮（自备）。

2.2.4　范成仪的构造和工作原理

如图 2.1 所示，齿轮范成仪的圆盘 1 表示被加工齿轮的毛坯安装在机架 3 上，并可绕机架上的固定轴 O 转动。代表切齿刀具的齿条刀具 2 安装在滑板 4 上，当移动滑板时，轮坯圆盘 1 上安装的与被加工齿轮具有同等大小分度圆的齿轮与固接在滑板上的齿条啮合。并保证被加工齿轮的分度圆与滑板 4 上的齿条中线做纯滚动，从而实现范成运动，松开螺栓 5 即可调整齿条刀具相对于轮坯的中心距。

齿条刀具 2 可以安装在相对于圆盘 1 的各个位置上，若调整齿条刀具时使齿条刀具分度圆与圆盘 1 的分度圆相切，则可以绘制出标准齿轮的齿廓。而当齿条刀具 2 的中线与圆盘 1 的分度圆间有距离时（该距离 xm 可以通过滑板 4 上的刻度尺直接读出来），根据 xm 的大小和方向即可绘制出各种正变位或负变位齿轮。

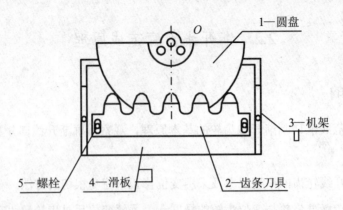

图 2.1　齿轮范成仪的构造简图

对于 $\alpha=20°$ 的标准齿条刀具，要加工标准齿轮且不发生根切，对应的最少齿数为 $z_{min}=17$。当齿轮的齿数 $z<z_{min}$ 时，x_{min} 为正值。这说明为了避免根切，该齿轮应采用正变位。其变位系数 $x \geqslant x_{min}$，齿条刀具移出；反之，当 $x<x_{min}$ 时，x_{min} 为负值，说明该齿轮在刀具移进 x_{min} 的条件下采用负变位也不会发生根切。

范成法是利用一对齿轮互相啮合时共轭齿廓互为包络线的原理来加工的，加工时其中一轮为齿条刀具，另一轮为轮坯。由机床的传动链迫使它们保持固定的角速比旋转，完全和一对真正的齿轮互相啮合传动一样；同时刀具还沿着加工轮坯的轴向做切削运动，这样所得齿轮的齿廓就是刀具刀刃在各个位置的包络线。

用渐开线作为刀具齿廓，则其包络线也必为渐开线。由于在实际加工时，看不到刀刃在各个位置形成包络线的过程，故通过齿轮范成仪来实现刀具与加工轮坯的传动过程（范成运动）。并用笔将刀具刀刃的各个位置记录在纸上（轮坯），这样就能清楚地观察到齿轮范成的全过程。

2.2.5　实验步骤和要求

（1）根据已知的刀具参数和被加工齿轮的齿数与变位系数计算出被加工齿轮的分度圆直径、基圆直径、最小变位系数、标准齿轮的齿顶圆与齿根圆直径，以及变位齿轮的齿顶圆与齿根圆直径，并画在代表轮坯的圆盘纸上。

（2）将轮坯安装在齿轮范成仪的圆盘上，注意必须对准中心。

（3）调整刀具的位置，使其中线与被加工齿轮分度圆相切。

（4）切削齿廓时，先将齿条刀具移向一端，使刀具的齿廓退出轮坯中标准齿轮的齿顶圆。然后每当刀具向另一端移动 2～3 mm 距离时，用笔将刀刃在轮坯上的位置如实地记录下来。每移动一次距离就记录一次，直到形成完整的齿形为止；同时应注意轮坯上齿廓形成的过程。此时范成出的齿轮为标准齿轮。

（5）重新调整刀具的位置，使刀具中线远离轮坯中心，移动距离为|xm|。然后"切制"齿廓（也就是刀具齿顶线与变位齿轮的齿根圆相切），按上述操作过程"切制"出来的齿轮就是所要的正变位齿轮。

（6）重新调整刀具的位置，使刀具中线靠近轮坯中心，移动距离为|xm|。然后"切制"齿廓，按上述操作过程"切制"出来的齿轮就是所要的负变位齿轮。

（7）观察根切现象，将所绘制的标准齿轮和变位齿轮进行比较找出它们的异同点。

（8）用范成法加工齿轮时，若刀具的齿顶线或齿顶圆与啮合线的交点超过被切齿轮的极限点，则刀具的齿顶会将被切齿轮的齿根的渐开线齿廓切去一部分。被切制的齿轮根部切去一部分后破坏了渐开线齿廓，此现象称为"根切"。产生严重根切的齿轮一方面削弱了轮齿的抗弯强度；另一方面齿轮传动的重合度有所降低。这对传动十分不利，应避免根切现象的产生。

2.2.6　思考题

（1）用齿条刀具加工标准齿轮时，刀具与轮坯之间的相对位置和相对运动有何要求？为什么？

（2）移距的目的是什么？刀具相对轮坯做正移距或负移距，相对标准齿轮而言，轮齿的形状有何不同？

（3）通过实验，你所观察到的根切现象发生在基圆内还是基圆外？分析产生根切的原因。

（4）用齿条插刀加工时，刀具与轮坯之间应保证实现怎样的运动？

（5）为什么用渐开线作为齿轮轮廓曲线能保证定传动比？

（6）用范成法加工渐开线齿轮时，可以用同一把刀具加工同一模数和分度圆压力角而不同齿数的齿轮，为什么？仿形法行否？

（7）比较用同一齿条刀具加工出标准齿轮与变位齿轮的几何参数 m、α、r、r_b、h、h_f、h_a、r_a、r_f、S、S_b、S_a 和 S_f，哪些改变了？

2.2.7　实验报告

实验报告应包括实验目的、实验内容、实验原理、实验步骤及实验结果分析等，实验记录可参考渐开线齿廓范成原理实验报告表（附表 B），并完成指导教师布置的思考题。

附表 B　渐开线齿廓范成原理实验报告表

课程名称：　　　　　实验名称：　渐开线齿廓范成实验　　指导教师：

班级学号：　　　　　学生姓名：　　　　　实验日期：　　　年　　月　　日

1. 原始数据

（1）刀具参数：$m=$　　　mm，　　$\alpha=$　　　°，　　$h_a^*=1$，　　$c^*=0.25$

（2）被加工齿轮参数：

标准齿轮：$x=0$　　　$z=$　　　　　（其余参数同刀具）

正变位齿轮：$x=$　　　$z=$　　　　　（其余参数同刀具）

负变位齿轮：$x=$　　　$z=$　　　　　（其余参数同刀具）

2. 计算数据与实验结果

（单位：mm）

名称	计算公式	计算结果			图形测量结果			比较结果		观察所画齿轮有无根切现象，并分析原因
		标准齿轮	正变位齿轮	负变位齿轮	标准齿轮	正变位齿轮	负变位齿轮	正变位齿轮	负变位齿轮	
分度圆直径	$d=mz$									
齿顶圆直径	$d_a=m(z+2h_a^*+2x)$									
齿根圆直径	$d_f=m(z-2h_a^*-2c^*+2x)$									
分度圆齿距	$p=\pi m$									
分度圆齿厚	$s=(\dfrac{\pi}{2}+2x\tan\alpha)m$									
分度圆齿槽宽	$e=p-s$									
齿全高	$h=m(2h_a^*+c^*)$									
齿根高	$h_f=m(h_a^*+c^*-x)$									
齿顶高	$h_a=m(h_a^*+x)$									

说明：（1）比较结果栏是指变位齿轮与标准齿轮的比较，比较结果用"变大""变小""不变"表示即可，不需要标出变化的具体数值。（2）附上画好的齿廓图形。

2.3　直齿圆柱齿轮参数测定

2.3.1　实验目的

（1）掌握用游标卡尺测定渐开线直齿圆柱齿轮基本参数的方法。

（2）认识齿轮的基本参数与其齿形间的关系。

（3）熟悉齿轮各参数间的关系式。

2.3.2　实验内容

测量并确定一对标准齿轮和一对变位齿轮的基本参数。

2.3.3　实验用具

被测齿轮、游标卡尺（刻度值为 0.02 mm）、若干相关表格和计算器。

2.3.4　实验原理

因为对现有机械设备中的齿轮进行仿制或修配，首先必须对其进行测绘，所以测绘的目的是要根据实物寻找原齿轮参数，如模数（m）、齿数（z）、压力角（α）、径向间隙系数（c^*）、齿顶高系数（h_a^*）及变位系数（x）等。这些参数中只有 z 可直接数出，其余则需根据测量某些尺寸并进行推算得到。

（一）齿顶圆直径的测量

如果齿数为偶数，则齿顶圆的直径可以直接测出；如果齿数为奇数，则直接测得的不是齿顶圆直径，而是 d_a'，如图 2.2 所示。

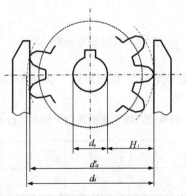

图 2.2　齿顶圆直径测量示意图

d_a' 测得后可按式（2-3）计算 d_a：

$$d_a = d'_a \cdot \sec \frac{90°}{z} \tag{2-3}$$

若奇数齿轮是带内孔的，也可由测得的内孔直径 d_0 和孔壁到齿顶间的距离 H_1，按式（2-4）算出：

$$d_a = d_0 + 2H_1 \tag{2-4}$$

（二）模数和压力角的确定

若被测齿轮为标准齿轮，则模数 m 可按式（2-5）确定：

$$m = \frac{d_a}{z + 2h_a^*} \tag{2-5}$$

如图 2.3 所示，若事先无法确定被测齿轮是标准齿轮还是变位齿轮，首先应测出齿轮的基圆齿距 p_b。然后通过跨 K 齿测得的公法线长度 W_K 与跨 $K+1$ 齿（或 $K-1$ 齿）所测得的公法线长度 W_{K+1}（或 W_{K-1}）之差来计算 p_b，见式（2-6）。

$$p_b = W_{K+1} - W_K \text{ 或 } p_b = W_K - W_{K-1} \tag{2-6}$$

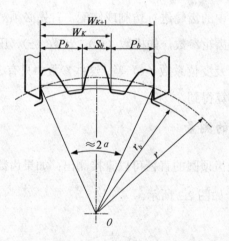

图 2.3　基圆齿距测量示意图

确定跨齿数 K 的原则是使卡爪在分度圆附近与齿廓相切，K 值可由表 2.4 查得。

表 2.4　测量公法线长度的跨齿个数 K（$\alpha = 20°$）

齿数 z	9～17	18～26	27～35	36～44	45～53	54～62	63～71
跨齿数 K	2	3	4	5	6	7	8

在测量时，应注意卡尺不能接触齿尖或齿根圆角。由于加工误差，齿轮的公法线长度在不同位置测量时会有所变动，所以 W_K 和 W_{K+1}（或 W_{K-1}）应在同一位置测量，并变更测

量部位几次求其平均值。在测量已工作过的齿轮时，由于大齿轮的磨损比小齿轮的磨损少，而两个相互啮合的齿轮的基圆齿距其理论值应相等，故以测量大齿轮较为准确。P_b 求得后，可按式（2-7）求模数：

$$m = \frac{P_b}{\pi \cos \alpha} \tag{2-7}$$

国家标准规定 $\alpha=20°$ ，但历史上也有 $\alpha=15°$ 或 25° 的齿轮；在国外标准中还有其他值的压力角，因此用上式计算 m 时，无法确定 α 的值。由于任何标准中的模数与压力角都只是有限数的系列，故可将 P_b 与 m 和 α 制成表格，再由 P_b 值即可同时找到对应的 m 与 α 值。这种表格在一般的手册中均能找到，兹摘录其中的部分列入表 2.5，以供查用。

表 2.5　不同模数、压力角与对应的基圆齿距 P_b

m \ α / P_b	$\alpha=20°$	$\alpha=15°$
	$P_b = \pi m \cos \alpha$	
1.0	2.952	3.034
1.5	4.428	4.552
2.0	5.904	6.069
2.5	7.380	7.586
3.0	8.856	9.104
3.5	10.332	10.621
4.0	11.809	12.138
4.5	13.285	13.655
5.0	14.761	15.173
5.5	16.237	16.690
6.0	17.713	18.207
8.0	23.617	24.276
10	29.521	30.345

（三）中心距的测量

如图 2.4 所示，两轮的实际中心距 a' 可在测得两轴径 d_{k1}、d_{k2} 和两轴外侧的距离 A_i 的基础上按式（2-8）计算：

$$a' = A_1 - \frac{1}{2}(d_{k1} + d_{k2}) \tag{2-8}$$

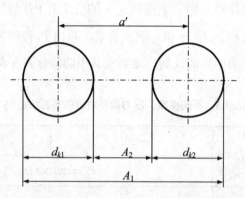

图 2.4　齿轮中心距测量示意图

（四）变位齿轮的识别及变位系数的确定

首先，按式（2-9）计算标准中心距 a：

$$a = \frac{1}{2}m(z_1 + z_2) \tag{2-9}$$

然后与测得的实际中心距 a' 比较，分析如下。

（1）若 $a' \neq a$（排除测量误差后仍不相等），则这对齿轮是角度变位齿轮传动。

（2）若 $a' > a$，则为正传动；若 $a' < a$，则为负传动。

（3）若 $a' = a$，则可能是标准齿轮传动，也可能高度变位齿轮传动。这时可按式（2-10）计算标准齿轮的齿顶圆直径：

$$d_a = (z + 2h_a^*)m = (z + 2)m \tag{2-10}$$

与实测齿顶圆直径 d_a' 比较，若 d_a 与 d_a' 不相等，则说明存在变位；若 $d_a > d_a'$，则为正变位；若 $d_a < d_a'$，则为负变位。

另外，由实测的公法线长度 W_K' 与标准齿轮公法线长度 W_K 比较也可判断齿轮的变位并计算变位系数。

标准齿轮的公法线长度可在一般手册中查到，也可按式（2-11）计算：

$$W_K \approx m[2.9521(K-0.5)+0.014z] \tag{2-11}$$

比较 W_K' 与 W_K 时，若差别较大，则可以判定为变位齿轮且可按式（2-12）计算变位系数 x 的值：

$$x = \frac{W_K' - W_K}{2m\sin\alpha} \tag{2-12}$$

通过 x 值的正负，可以判断齿轮的变位类型。

（五）齿全高的测量和齿顶高系数 h_a^* 和径向系数 c^* 的确定

（1）齿全高 h 的测量。

当齿顶圆直径 d_a' 和齿根圆直径 d_f' 都可以测量时，按式（2-13）可计算齿全高：

$$h = \frac{1}{2}(d_a' - d_f') \tag{2-13}$$

如图 2.5 所示，当齿根圆直径不便于测量时，可用卡尺的尾针测出，或者通过测量孔壁到齿顶和齿根的距离 H_1 与 H_2 推出，再按式（2-14）计算齿全高：

$$h = H_1 - H_2 \tag{2-14}$$

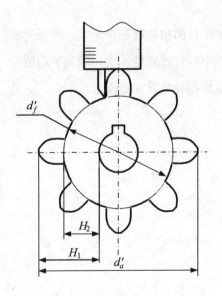

图 2.5　齿全高测量示意图

（2）h_a^* 和 c^* 的确定。

一般地，齿全高 h 可由式（2-15）计算：

$$h = (2h_a^* + c^* - \sigma)m \quad (\text{mm}) \qquad (2\text{-}15)$$

对于标准齿轮和高度变位齿轮，上式中的 $\sigma = 0$；而对于角变位齿轮，σ 为齿顶高变动系数。但 σ 一般很小，常可忽略不计，于是可由式（2-16）计算：

$$\frac{h}{m} \approx 2h_a^* + c^* \qquad (2\text{-}16)$$

根据国家标准 $h_a^* = 1$ 且 $c^* = 0.25$（即正常齿制），但历史上还有短齿制齿轮，其中 $h_a^* = 0.8$ 且 $h_a^* = 0.3$。

为此应注意区分若所测 $\dfrac{h}{m}$ 接近于 2.25，则可断定是正常齿制；若 $\dfrac{h}{m}$ 接近于 1.9，则可断定是短齿制；由此可同时确定 h_a^* 和 c^* 的值。

2.3.5 实验步骤和注意事项

（一）实验步骤

齿轮参数的测定与计算步骤可参考流程图，如图 2.6 所示。

（二）注意事项

（1）实验前应检查游标卡尺的初读数是否为零，若不为零，应设法修正。

（2）每一尺寸测量应在不同位置测量 3 次，取其平均值。

（3）实验时应记录测试数据并填写实验报告。

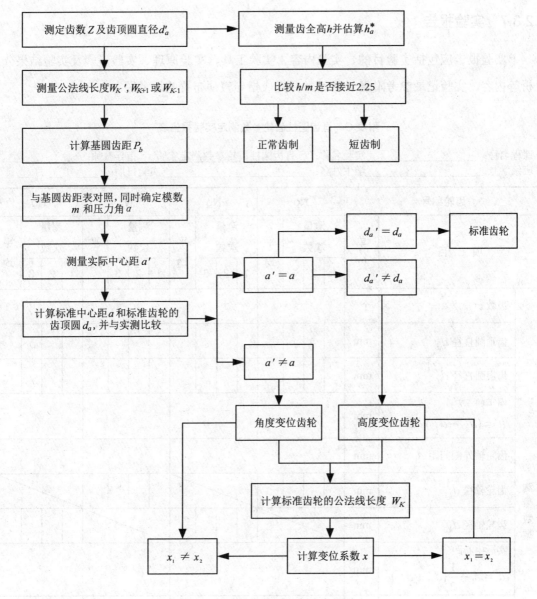

图 2.6　齿轮参数测定实验流程图

2.3.6　思考题

（1）什么是标准齿轮？什么是变位齿轮？

（2）较之标准齿轮，变位齿轮的哪些参数发生了变化？

（3）什么是变位齿轮？变位齿轮有哪些类型？齿轮传动有哪些类型？

（4）影响公法线测量精度的因素有哪些？

2.3.7 实验报告

实验报告应包括实验目的、实验内容、实验工具、实验原理、实验步骤及实验结果分析等内容，实验记录参考附表 C 撰写，并完成指导教师布置的思考题。

附表 C　直齿圆柱齿轮参数测定实验报告表

课程名称：＿＿＿＿＿＿＿＿＿＿　实验名称：＿直齿圆柱齿轮参数测定实验＿　指导教师：＿＿＿＿＿＿
班级学号：＿＿＿＿＿＿＿＿＿＿　学生姓名：＿＿＿＿＿＿＿＿＿＿＿＿＿实验日期：＿＿＿年＿＿月＿＿日

齿轮编号		单位	No			平均	No			平均	No			平均	No			平均
			测量次数				测量次数				测量次数				测量次数			
项　目			1	2	3		1	2	3		1	2	3		1	2	3	
测量数据	齿数 z	个																
	齿顶圆直径 d_a'	mm																
	齿根圆直径 d_f'	mm																
	齿全高 $h' = (d_a' - d_f')/2$	mm																
	齿轮轴外侧间距 A_1	mm																
	齿轮轴径 d_{k1}	mm																
	齿轮轴径 d_{k2}	mm																
	实际中心距 $a' = A_1 - \frac{1}{2}(d_{k1} + d_{k2})$	mm																
	跨齿数 K（查表）	个																
	实测公法线长度 W_K'	mm																
	实测公法线长度 W_{K+1}'	mm																
	实测公法线长度 W_{K-1}'	mm																

（续表）

齿轮编号		No			No			No			No		
项 目	单位	测量次数		平均	测量次数		平均	测量次数		平均	测量次数		平均
		1	2	3		1	2	3		1	2	3		1	2	3	
基圆齿距 $P_b = W'_{K+1} - W'_K$ 或 $P_b = W'_K - W'_{K-1}$	mm													
模数 m（查表）	mm													
压力角 α（查表）	度													
h'/m 的值是否接近 2.25	/													
h'/m 的值是否接近 1.9	/													
齿顶高系数 h_a^*	/													
顶隙系数 c^*	/													
计算数据与结果 / 标准中心距 $a = \frac{1}{2}m(z_1 + z_2)$	mm													
比较 a 与 a'（是否相等）	/													
标准齿轮齿顶圆直径 $d_a = m(z + 2)$	mm													
比较 d'_a 与 d_a（是否相等）	/													
判断该齿轮是否为变位齿轮	/													
标准齿轮的公法线长度 $W_K \approx M[2.9521(K - 0.5) \; 0.014Z]$	mm													
变位系数 $x = \dfrac{W'_K - W_K}{2m\sin\alpha}$	/													
判断变位齿轮的变位类型	/													
判断齿轮的传动类型	/													

说明：为了区别同一参数的实测值与理论计算值，在实测值的右上角加角标撇"′"。

2.4 转子动平衡演示

2.4.1 实验目的

（1）学习和研究转子动平衡的实验方法，加深对转子动平衡概念的理解。

（2）掌握工业用硬支撑动平衡机的基本工作原理和操作方法。

2.4.2 实验内容

对工件质量在 3～300 kg 的回转构件进行动平衡演示。

2.4.3 实验设备和用具

（1）H50B 型硬支撑动平衡机。

（2）试件（在校正平面上具有校正孔的转子）。

（3）平衡质量（与校正孔相应的螺钉、螺母和垫圈及适量的橡皮泥）。

（4）普通天平。

（5）钢皮尺。

（6）活动螺丝扳手。

2.4.4 实验原理

（一）平衡机的分类

按照平衡转速的角频率（ω）与平衡机—支撑架（包括转子）系统的共振角频率（ω_0）的关系，平衡机可分为 3 类，见表 2.6。

表 2.6 平衡机的分类

平衡机类型	定义描述	一般频率范围
软支撑平衡机	平衡转速大于系统共振频率的平衡机	$\omega > 2\,\omega_0$
半硬支撑平衡机	平衡转速低于系统共振频率的平衡机	$0.3\,\omega_0 < \omega < 0.5\,\omega_0$
硬支撑平衡机	平衡转速低于系统共振频率的平衡机	$\omega < 0.3\,\omega_0$

（二）动平衡机的工作原理

如图 2.7 所示，动平衡机根据振动原理设计。支架上方由螺栓与机架固定，转子置于支架的 V 型槽内，通过万向联轴节或圈带驱动做回转运动。弹性支撑为薄弹簧钢板制作，在垂直方向上有大的刚度，而在水平方向上刚度很小。当转子回转时，由于不平衡质量的存在，将产生离心惯性力。设惯性力为 $F=me\omega^2$，其中 F_x 和 F_y 分别为 F 在 x 和 y 方向的投影，且 $F_x=F\cos\omega t$，$F_y=F\sin\omega t$。由于弹性支撑在 y 方向刚度很小，在周期性惯性力 F_x 作用下，支架 2 沿 x 方向振动。通过左、右传感器对振动位移信号拾取，产生周期变化的感应电动势。不平衡量越大，感应电动势越强烈，由此获得不平衡量大小。不平衡量方向角由光电头（光电传感器）测量，需在被测工件上设置不反光标记，以此作为方向角定位。上述信号通过电子线路进行放大及滤波等处理，最后通过外设（显示仪器）显示出被测转子的不平衡量大小和方位。

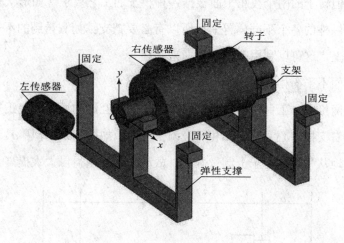

图 2.7　动平衡机实验原理结构

　　根据平衡基本理论，质心与转动中心不同回转构件它的不平衡都可以认为是在两个任选回转面内，由向量半径分别为 r_1 和 r_2 的两个不平衡质量 m_1 和 m_2 所产生，因此只需针对 m_1 和 m_2 进行平衡就可以达到回转构件动平衡的目的。使用动平衡机分别测试所选定平衡校正平面内相应的不平衡质径积 m_1r_1 和 m_2r_2 的大小和相位，并加以校正，最后达到所要求的动平衡。动平衡机的电路原理框图如图 2.8 所示。

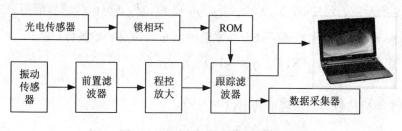

图 2.8　动平衡机的电路原理框图

（三）H50B 型动平衡机测量原理

（1）不平衡力从测量平面到校正平面上的换算。

在硬支撑平衡机中，轴承支架的刚度较高。由于不平衡所产生的离心力，不能使轴承支架产生摆动，因此件与轴承支架几乎不产生振动偏移。这样不平衡力可近似认为是作用在简支梁上的静力，因此可用静力学原理来分析工件的平衡条件。根据刚性转子平衡原理，一个动不平衡的刚性转子，总能在两个校正面上减去或加上适当的质量来达到动平衡。转子旋转时，支架上的轴承受到不平衡的交变动压力，它包含不平衡的大小和相位的信息。为了精确、方便、迅速地测量转子的动不平衡，通常把这一非电量检测转换成电量检测。本机用压电传感器作为机电换能器，因为压电传感器是装在支撑轴承处的，故测量平面位于支撑平面上。但转子的两个校正平面根据各种转子的工艺要求（如形状和校正手段等），一般选择在轴承以外的各个不同位置上，所以有必要把支撑处测量到的不平衡力信号换算到两个校正平面上，这可以利用静力学原理来实现。

（2）校正平面不平衡相互影响的消除。

在硬支撑平衡机中，工件两个校正平面不平衡的相互影响通过两校正平面间距离 b 和校正平面至左、右支撑中心间距离 a 和 c 来调整解决，如图 2.9 所示因 a、b 和 c 这 3 个几何参数可以很快地从平衡的转子上测量确定，故动平衡效率得以大大提高。

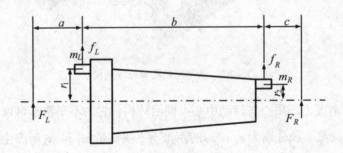

图 2.9　转子形状和装载方式

（3）校正平面上不平衡量的计算。

如图 2.9 所示，若已知 a、b、c、r_1、r_2、ω 和 F_L、F_R（可由传感器测得）时，即可求解平衡质量 m_L 和 m_R。当刚性转子处于动平衡时，必须满足初始条件：

$$\sum F = 0 \text{、} \sum M = 0 \tag{2-17}$$

硬支撑平衡机按静力学原理可列出以下方程：

$$F_L + F_R - f_L - f_R = 0 \tag{2-18}$$

$$F_L \cdot a + f_R \cdot b - F_R \cdot (b+c) = 0 \tag{2-19}$$

由式（2-18）和（2-19）可得：

$$f_R = (1+\frac{c}{b})F_R - \frac{a}{b}F_L \tag{2-20}$$

$$f_L = (1+\frac{a}{b})F_L - \frac{c}{b}F_R \tag{2-21}$$

根据离心力的计算公式，显然满足：

$$f_R = m_R \cdot r_2 \cdot \omega^2 \tag{2-22}$$

$$f_L = m_L \cdot r_1 \cdot \omega^2 \tag{2-23}$$

将式（2-22）和（2-23）代入式（2-20）和（2-21）可得：

$$m_R = \frac{1}{r_2 \omega^2}[(1+\frac{c}{b})F_R - \frac{a}{b}F_L] \tag{2-24}$$

$$m_L = \frac{1}{r_1 \omega^2}[(1+\frac{a}{b})F_L - \frac{c}{b}F_R] \tag{2-25}$$

　　式（2-24）和（2-25）的物理意义表明如果转子的几何参数和平衡转速 ω 已确定，则校正平面上应加或减的校正质量可以直接测量出来，并以"克"数显示。转子校正平面之间的相互影响是由支撑和校正平面的位置尺寸 a、b、c 所确定的，故不需要校正转子和调整运转实验，就能在平衡前预先进行平面分离和校正。

　　上述两项物理意义恰好表明了硬支撑平衡机所具有的特点，根据不同形状的转子，按其校正平面与支撑之间的相对位置，可以有不同的装载形式。这几种装载形式的平衡方程通过计算，可以得到 4 组用来模拟运算的方程式，见表 2.7。

表 2.7　转子装载形式及模拟运算方程

转子装载形式	模拟运算方程
	$f_L = (1+\frac{a}{b})F_L - \frac{c}{b}F_R$ $f_R = (1+\frac{c}{b})F_R - \frac{a}{b}F_L$
	$f_L = (1-\frac{a}{b})F_L + \frac{c}{b}F_R$ $f_R = (1-\frac{c}{b})F_R + \frac{a}{b}F_L$

转子装载形式	模拟运算方程
	$$f_L = (1 - \frac{a}{b})F_L - \frac{c}{b}F_R$$ $$f_R = (1 + \frac{c}{b})F_R + \frac{a}{b}F_L$$
	$$f_L = (1 + \frac{a}{b})F_L + \frac{c}{b}F_R$$ $$f_R = (1 - \frac{c}{b})F_R - \frac{a}{b}F_L$$
	$$f_L = (1 + \frac{a}{b})F_L + \frac{c}{b}F_R$$ $$f_R = (1 - \frac{c}{b})F_R - \frac{a}{b}F_L$$

2.4.5 实验方法和步骤

（一）实验准备工作

（1）根据校验转子轴颈支撑点的距离位置，调整好左右支撑架的位置，并紧固好；同时参照滚轮架标尺按转子的轴颈尺寸及转子轴线的水平状态调节好支撑片或滚轮的高度，使转子转动时不致左右窜动。

（2）做好清洁工作，特别是轴颈和支撑接触的表面。转子轴颈的表面粗糙度 R_a 不应大于 1.6，轴颈的圆度不应大于 6 级。在转子安放好以后，支撑处应加少量的润滑油。安放转子要轻放，避免与滚轮及支撑架撞击。

（3）调整好支撑架上的限位支架及安全架，防止转子轴向窜动，避免不安全事故。

（4）转速的选择。按校验转子的质量、转子的外径、初始不平衡量及驱动功率来选择平衡转速，并按电动机转速和转子传动处直径调整好传动机构。若转子的初始不平衡量较大，甚至引起转子在支架上的跳动时，要先用低速校正平衡。有的转子虽然质量不大，但外径较大或带有风叶会影响驱动功率时，先用低速校正，因此在平衡转子选择平衡转速时需符合下列两个极限值：

- $Gn^2 \leqslant 143 \times 10^6 \, \text{kg} / \text{min}^2$。

- GD^2n^2。

当驱动功率为 0.55kW 时，$GD^2n^2 \leqslant 1.6 \times 10^6 \, \mathrm{kgm^2/min^2}$。

当驱动功率为 0.75kW 时，$GD^2n^2 \leqslant 2.2 \times 10^6 \, \mathrm{kgm^2/min^2}$。

式中：G 为工件质量（kg）；

D 为工件最大外径（m）；

n 为平衡转速（r/min）。

需注意在带有风叶的工件时，应详细计算鼓风机效率和风损功率的大小，接近和超过本机功率时不能使用。

（5）根据转子的情况在转子端面或外圆上做上黑色或白色反光标记，调整好光电头位置。将光电头照向转子的垂直中心线并对准黑（白）标记，一般距离为 30～50 mm；标记的宽度大于 4 mm，特别注意的是在光电头照射处应避免强光源干扰。

（6）将转子安装在平衡机上的形式，以及 a、b、c、r_1 和 r_2 的实际尺寸、转速、加重或去重等参数，按电测箱操作步骤输入电测系统。

（二）实验操作

（1）检查各插件的连接均正确无误，即可开始操作。应注意转子的旋转方向，从右侧向转子方向看转子应是顺时针旋转。

（2）启动时，可试按启动按钮，检查工件轴向窜动情况。调节左右支撑架高低，使转子无轴向窜动。建议采用点接触，条件许可情况下可在工件轴端装上相应滚珠。

（3）为提高不平衡量减少率，要对角度进行检查。当第 1 个转子平衡后，在转子黑（白）标记起始（0°）位置加一个较大的感量（螺钉或橡皮泥）检查测量值是否在零度位置。若有偏差，则可移动光电头位置予以纠正。

（三）校验特殊转子的平衡方法

（1）带有叶片的转子：在这种情况下可用质量较轻的物体，如牛皮纸等封住风口再校验转子。

（2）薄片状转子：可用单面平衡的方法来校验，校验时将电测箱按键置于校单面平衡位置。$a=b=c=100$ mm，r_1 按校正位置时半径输入即可。

2.4.6　思考题

（1）机械的平衡有哪些分类？平衡的目的是什么？

（2）对刚性转子，在什么情况下采用静平衡？什么情况下采用动平衡？其平衡的方法有何不同？

（3）用静平衡仪对静不平衡刚性转子做平衡时，为什么要将转子做正和反两个方向的转动？

（4）在求出静不平衡刚性转子不平衡量的大小和方向后，如果结构不允许在该方向增加质量，也不允许在该方向的对称方向去质量，可采用什么方法增加质量或去质量？应满足的条件是什么？

（5）对于动不平衡刚性转子，为什么可以在所选定的两个平面上，通过增加质量或去质量的方法实现刚性转子的动平衡？

（6）为什么要确定刚性转子的允许用不平衡精度？如何确定？

（7）简述刚性转子动平衡机实验的测试原理。

（8）简述刚性转子动平衡机实验的操作步骤。

2.4.7　实验报告

实验报告应包含实验目的、实验原理与内容、实验器材、实验步骤，以及实验结果与分析等内容，并完成指导教师布置的思考题。

2.5　螺栓连接性能测试

2.5.1　实验目的

（1）掌握螺栓组连接受弯矩载荷后，螺栓组的载荷分布规律，画出载荷分布图。

（2）掌握螺栓连接受外载后，螺栓和被连接体的受力及形状的变化，画出螺栓连接综合变形图。

（3）了解机械参数电测的基本方法及应变仪的使用方法。

（4）计算螺栓组的相对刚度系数。

2.5.2　实验设备和仪器

（一）螺栓组连接实验台的机械结构及实验原理

本实验采用 BPLDJ-B 型螺栓组连接综合实验台，其结构简图如图 2.10 所示。

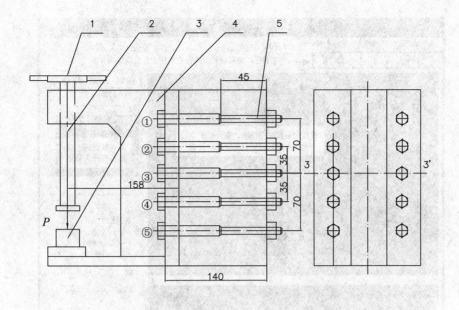

1—加载螺栓；2—加载臂；3—载荷传感器；4—机座；5—连接螺栓

图 2.10　BPLDJ-B 型螺栓组连接综合实验台的结构简图

实验结构的螺栓尺寸如图 2.11 所示。

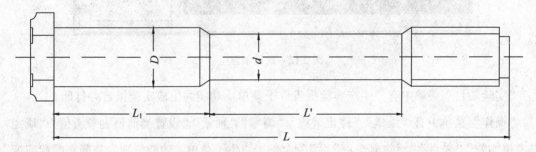

D=10 mm、d=6 mm、L=160 mm、L'=40 mm、L_1=65 mm

图 2.11　实验结构的螺栓尺寸

（二）测试仪器

本实验采用静态电阻应变仪和与其配套的分析软件进行测量，只要将检测数值输入到相应界面的参数栏中即可自动描绘有关曲线，其操作示意如图 2.12 所示。运行此程序，进入主界面，其中有"文件""实验项目""操作""工具""帮助"菜单。

"文件"菜单中有"刷新""打开""保存""打印""退出"子菜单，功能分别为刷新实验窗口和清除实验数据，以重新采集数据；打开一个已保存的实验数据文件；保存实验数据；打印实验曲线；退出实验窗体。

图 2.12 操作示意

"实验项目"菜单中有"生产实验报告"子菜单,功能为生成实验报告并打印。

"操作"菜单中有"采集""停止采集""调零""预紧""设置当前值为参考值""确定参考值加载""采点""清除前一点""清除全部采点"子菜单,功能分别为与静态螺栓应变仪通信,接收由其发送的数据;停止与静态螺栓应变仪通信;调整好预紧力后,将 10 根螺栓的预紧应变保存起来,设为参考值;保存螺栓的当前的应变值和与参考值的差值;清除前一个采点记录;清除全部的采点记录,以重新采点。

"工具"菜单中有"生成当前曲线 Excel"和"生成全部曲线 Excel"子菜单,功能分别为将当前显示的曲线数据和将全部采集的数据导入到 Excel 中。

工具栏中的按钮对应于相应的菜单,鼠标指针停留按钮上将会出现文字说明。单击窗体右上角的选项框将得到相应的操作选项。窗体右下角为螺栓的当前应变值、参考值和差值显示区。在应变大小形象显示区中,A 为螺栓应变的当前值显示,B 为 10 根螺栓应变与参考值的差值显示,C 为两组螺栓差值的平均值显示。

在实验操作区有"实验操作""坐标调整""颜色调整""保存"选项,其中在"实验操作"选项中,有自动采集和手动采点两种采集方式。选取自动采集方式将让程序自动采集连接件与被连接件的实时受力值，其采集周期为 0.5 s。

2.5.3　实验原理

由实验台结构可知，螺纹加载装置的加载臂与机座是利用 10 根螺栓连接的，是对称布置。当加载杆拧紧时，悬臂的力 P 和面平行将产生一个倾覆力矩，每根连接螺栓将产生相应变形。将 ε 代入式（2-26）就可算出螺栓力大小，代入式（2-27）就可算出螺栓力变形。

$$Q = E\varepsilon A_s \tag{2-26}$$

$$\lambda = \varepsilon L \tag{2-27}$$

式中：Q 为螺栓受力大小；

　　　E 为螺栓材料的弹性模量；

　　　ε 为螺栓的应变；

　　　A_s 为螺栓危险截面的面积；

　　　λ 为螺栓的伸长量；

　　　L 为螺栓长度。

（一）螺栓受力的测定

螺栓组的每个螺栓上都粘贴上了电阻应变片，并接入测量电路中组成一测量电桥，本实验的测量电桥的原理如图 2.13 所示。

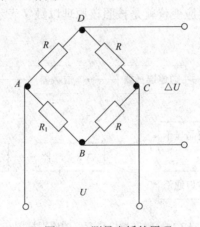

图 2.13　测量电桥的原理

测量电桥是按 120 Ω 设计的，图中 R_1 为单臂测量时的外接应变片，在仪器内部有 3 个 120 Ω 精密无感线绕电阻作为电桥测量时的内半桥。AC 端是由稳压电源供给的 5 V 直流稳定电压，作为电桥的工作源。仪器在无应变信号时，通过系统内部程控装置将电桥调平衡，BD 端没有电压输出。当试件受力产生形变时，由应变效应而引起的桥臂应变片的阻值变化

$\Delta R/R$，破坏了电桥的平衡。BD 端有一个 ΔU 的电压输出，可用式（2-28）表示：

$$\Delta U = \frac{1}{4} U \frac{\Delta R_1}{R_1} = \frac{1}{4} U K \varepsilon \tag{2-28}$$

（二）加载力的测定

本实验台在加载杆下安装的荷重传感器，当加载螺杆拧紧时，荷重传感器将压力信号输入到数字测量仪中，通过数字测量仪直接将压力信号显示在屏幕上。

（三）静态电阻应变仪工作原理

电阻应变仪是利用金属材料的特性，将非电量的变化转换成电量变化的测量仪器。应变测量的转换元件——应变片用极细的金属电阻丝烧成或用金属箔片印刷腐蚀而成，用黏剂将应变片牢固地贴在试件上。当被测试件受到外力作用长度发生变化时，粘贴在试件上的应变片也相应发生变化，应变片的电阻值也随着发生了 ΔR 的变化。这样就把变形量转换成电阻值的变化，用灵敏的电阻测量仪器——电桥测出电阻值的变化 $\Delta R / R$，就可以换算出相应的应变 ε。如果该电桥用应变来刻度，就可以直接读出应变，完成了非电量的电测。电阻应变片的应变效应是指上述机械量转换成电量的关系，用电阻应变的灵敏度 K 来表示：

$$K = (\Delta R / R)/(\Delta L / L) = (\Delta R / R)/\varepsilon \tag{2-29}$$

本实验台标配的静态螺栓应变仪就是按照该原理以数字表示的，其原理框图如图 2.14 所示。

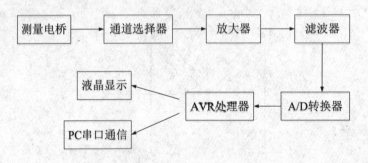

图 2.14　静态螺栓应变仪的原理框图

（四）螺栓连接受力变形分析

（1）由图 2.15 可知，当螺母未拧紧时，螺栓连接未受到力的作用，螺栓和被连接件无变形。

（2）若将螺母拧紧（即施加一个预紧力 Q_P），这时连接受预紧力的作用，螺栓伸长了 λ_b，

被连接件压缩了 λ_m。

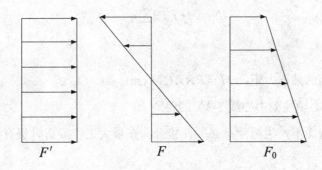

图 2.15　受力变形图

（3）当螺栓连接承受工作载荷 F（接合面绕中心轴线 3-3′ 回转）时，螺栓 1、2、6 和 7 所受的拉力减小，变形减小。被连接件的压缩变形则增大，其压缩量也随着增大，螺栓 3 和 8 的受力与变形不发生变化；螺栓 4、5、9 和 10 的受力则增大，变形也增大，而被连接件因螺栓伸长而被放松。

由于螺栓和被连接件均为弹性变形，因此由受力与变形可用曲线表示，如图 2.16 所示。螺栓的总拉力 F_0 等于残余应力 F''+工作载荷 F。

$$总拉力：\quad F_0 = E\varepsilon'A \qquad \varepsilon'—加载后应变值 \tag{2-30}$$

$$预紧力：\quad F' = E\varepsilon A \qquad \varepsilon—加预紧力后应变值 \tag{2-31}$$

$$残余预紧力：\quad F'' = F_0 - F \tag{2-32}$$

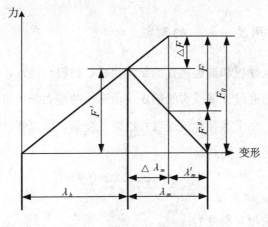

图 2.16　受力与变形曲线

每个螺栓的工作载荷：

$$F = M \cdot r_i / 2\sum r_i^2 \tag{2-33}$$

式中：

M 为绕接合面的倾覆力矩，$M = P \times L (\text{N} \cdot \text{cm})$。

r_i 为各螺栓中心轴线到中心线 3-3′ 的距离。

（4）为使接合面不产生缝隙，必须使接合面在最大工作载荷时仍有一定残余预紧力，即：

$$F'' > 0$$

$$F'' = F_0 - F > 0$$

最大工作负载：

$$F_{max} = M_{max} \cdot r_i / 2\sum r_i^2 \tag{2-34}$$

应使：

$$F_{max} < F'$$

$$E = 2.1 \times 10^6 \, \text{kg} / \text{cm}^2$$

$$1\varepsilon = 10^6 \mu\varepsilon$$

对于本连接实验台，F_{max} 在第 5 根和第 10 根螺栓上，本实验台所允许的最大加载力 P_{max}=500 kg。

可得：$F_{max} \approx 90$ kg

可取预紧力：F' =90 kg

应变：$\varepsilon = F_0 / EA' \approx 100\mu\varepsilon$

（五）螺栓相对刚度 $\dfrac{C_1}{C_1 + C_2}$ 的测定

螺栓的相对刚度与螺栓和被连接件的结构尺寸、材料与垫片，以及工作载荷的作用位置等因素有关，其值可通过计算或实验确定。由螺栓的受力分析可知对于承受预紧拉力和工作拉力的螺栓连接，由于螺栓和被连接件的弹性变形，所以螺栓所受的总拉力并不等于预紧拉力与工作拉力之和，而是：

$$F_0 = F' + \frac{C_1}{C_1 + C_2}F \tag{2-35}$$

于是，可得螺栓的相对刚度为：

$$\frac{C_1}{C_1+C_2}=\frac{F_0-F'}{F} \tag{2-36}$$

F_0 和 F' 分别为螺栓所受总拉力和预紧拉力，其值可用所测得的该螺栓总应变 ε' 和预紧应变 ε 分别代入式（2-30）和式（2-31）求得。

F 为该螺栓所受的工作拉力，其值可由式（2-33）求得。

C_1 和 C_2 分别为螺栓的刚度和被连接件的刚度。

2.5.4　实验方法和步骤

（1）用数据排线将螺栓机构与应变仪连接起来，并将荷重传感器连在检测仪上，用串口线将计算机与应变仪相连接。

（2）接上电源线，打开应变仪的电源，让应变仪预热 3～5 min。打开实验程序，进入主界面。单击"操作"菜单中的子菜单或工具栏中的"采集"按钮，使计算机与应变仪通信。

（3）松开连接螺栓，确保 10 根螺栓都在自由状态。单击 PC 软件调零，使电桥趋于平衡。通过 PC 实验程序采集的曲线观察，大致调节各螺栓应变值为 0。

（4）用扳手给每根螺栓预紧，各个预紧应变值大小应该基本保持一致。尽量确保每组螺栓应变片的朝向一致，本实验台推荐各螺栓应变片朝向沿垂直方向向外。本实验台为升级后实验台，单击"预紧"按钮后，系统会自动根据预紧情况进行数据分析。即预紧值不相同时，系统将自动调节，在数据处理时做相关补偿运算。

（5）单击"操作"菜单中的"设置当前值为参考值"子菜单，或单击工具栏中相应的快捷按钮，记录当前螺栓的应变值为参考值。单击"确定参考值加载"按钮进行数据确认，并单击"操作"菜单中的"采点"子菜单或工具栏中相应的快捷按钮，记录参考值的曲线位置。

（6）逐步增加负载值，单击"采点"按钮，记录 10 根螺栓在不同载重下的应变值与参考值的差值。

（7）观察并思考螺栓组的应变变化趋势。

（8）单击"实验项目"菜单中的"生成实验报告"子菜单，将出现螺栓组应变变化曲线实验报告窗体，可预览并打印。

（9）单击"保存打印"选项组中的"打印"按钮可打印所采集的曲线。

（10）完成实验后卸掉负载，松开螺栓至自由状态。关闭应变仪的电源，拆除仪器连接线。

（11）根据实验数据写实验报告。

2.5.5　实验注意事项

（1）加载力不得超过 500 ng，否则传感器将损坏。

（2）调节螺栓预紧力时螺栓应变最大不得超过 175 $\mu\varepsilon$。

2.5.6　思考题

（1）对于重要的螺栓连接，为什么要预紧？

（2）控制螺栓连接预紧力的方法有哪些？

（3）螺栓连接的相对刚度是什么？如何提高螺栓连接的强度？

（4）螺栓连接如何进行防松？螺栓连接常见的防松方法有哪些？

2.5.7　实验报告

实验报告应包括实验目的、实验设备名称、型号及原始参数、实验原理、实验步骤，以及实验结果分析等内容。实验数据及计算结果可参考表 2-8，然后根据测试结果描绘螺栓组拉力分布曲线，并任取其中一个螺栓求螺栓相对刚度系数（3 号和 8 号除外）。

表 2-8　螺栓连接测试实验数据及计算结果

项目 螺栓号			1	2	3	4	5	6	7	8	9	10
预紧应变 $\varepsilon_{预}$（$\mu\varepsilon$）			50	50	50	50	50	50	50	50	50	50
预紧拉力 $F_{预}$（N）												
受载后总应变 $\varepsilon_{总}$（μ）	测量次数	1										
		2										
		3										
	平均值												
工作应变（$\mu\varepsilon$）												
总拉力 $F_{总}$（N）												
工作拉力 $F_{工作}$（N）												

2.6　带传动性能测试

2.6.1　实验目的

（1）通过实验确定圆形带传动的滑动率曲线与效率曲线。

（2）观察带传动的弹性滑动与打滑现象，加深对带传动工作原理和设计准则的理解。

（3）掌握转矩与转速的基本测量方法。

2.6.2　实验设备和仪器

本实验设备为 BPPDC-B 型智能带传动实验台，该实验台由主机及控制箱两部分组成。主要技术参数如下。

（1）直流电动机功率：2 台×355 W。

（2）主动电动机调速范围：0～1500 r/min。

（3）平底带轮：$D_1=D_2=120$ mm。

（4）圆带带轮：$D_1=D_2=90$ mm。

（5）三角带轮：$D_1=D_2=100$ mm。

（6）额定转矩：$T=2.256$ N·m。

（7）实验台尺寸：长×宽×高=840 mm×650 mm×1100 mm。

（8）电源：220 V 交流。

（9）标准砝码：1 kg/个，共 4 个。

（一）实验台主机的构造

实验台主机的结构如图 2.17 所示，它采用了砝码的定力张紧螺杆的中心距张紧两种方式。驱动电动机被两个高精度的直线轴承支撑，配合精加工的直线导轨可灵活施加实验前的带轮初拉力，结构简单且紧凑。在安装底板下面悬挂有钢丝固定支架，直线轴承上面有一支撑板。支撑板将电动机和两个直线轴承连接起来，两根导轨与两个轴承分别与电动机底板连接成一整体可保证移动平稳。电动机底板侧面安装有砝码支架，加砝码时可使电动机向左移动给传动带施加初拉力。左边电动机为驱动电动机，右边电动机为加载电动机。驱动电动机旋转过程中带动发电机发电，发电机负责为右边负载灯泡供电，负载灯泡消耗发电机功率。在电动机底板和底座上分别装有称重传感器可直接测量电动机的力矩；另外在两台电动机的另一轴安装有主动轮测速编码器和从动轮测速编码器，可通过光电测速器实时测量电动机运行时的速度。

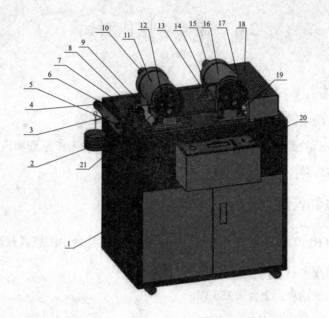

1—机柜；2—砝码；3—砝码支架；4—大滑轮；5—小滑轮；6—张紧螺杆；7—安装底板；

8—直线轴承；9—主动电动机移动板；10—主动轮测速编码器；11—驱动电动机；

12—主动轮（平底带轮）；13—平带；14—限位支架；15—从动轮测速编码器；16—加载电动机；

17—从动带轮（平底带轮）；18—灯泡防护罩；19—负载灯泡；20—操作面板；21—称重传感器

图 2.17　实验台主机的结构

由单片机调速装置供给电动机电枢以不同的端电压，实现无级调速。

对发电机，当原动机在一速度下稳定运转时，在控制面板上单击"向上"按钮。每次单击，发电机负载增加一次，电枢电流增大。随之电磁转矩也增大，即发电机的负载转矩增大，实现了负载的改变。

两台电动机均为压支撑，当传递载荷时，作用于电动机定子上的力矩 M_1（主动电动机力矩）和 M_2（从动电动机力矩）通过电动机悬臂杠杆迫使压杆作用于压力传感器，传感器输出的电信号正比于 M_1 和 M_2 的原始信号。

（二）控制箱

控制箱的外形及面板仪表布置如图 2.18 所示，控制面板箱上有液晶显示屏，整屏可显示系统 4 组模拟量数据和系统效率。最右边为电动机调速旋钮，开启电源前须保证旋钮处于最低位置状态。

（1）N_1：直流电动机转速（输入转速，单位为 r/min）。

（2）M_1：直流电动机扭矩（输入扭矩，单位为 N·m）。

（3）N_2：发电机转速（输出转速，单位为 r/min）。

（4）M_2：发电机扭矩（输出扭矩，单位为 N·m）。

（5）η：　系统效率%。

按键操作如下。

（1）上翻、下翻键：调整加载载荷。

（2）SET 置零键：置零键可清除加载，使系统处于空载状态。

图 2.18　控制箱的外形及面板仪表布置

控制箱背板（见图 2-19）左上角为电源接口，右下角为串行通信接口，与计算机连接。

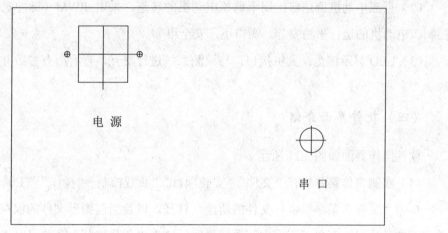

图 2.19　控制箱背板

（三）检测系统

整个系统以高性能的 AVR 单片机 MEGA64 为核心，完成对数据的调整、采集、参数显示、键盘输入，以及将数据发送到 PC 端软件处理等任务，系统框图如图 2.20 所示。

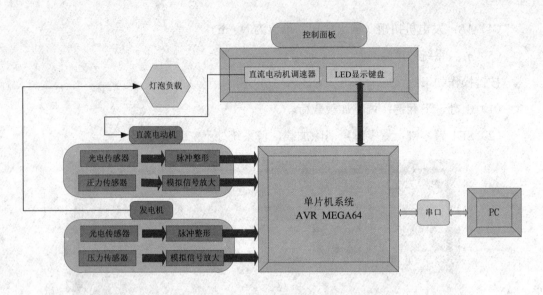

图 2.20　系统框图

（1）灯泡负载：通过调整负载（灯泡）消耗的功率来改变系统的载荷，负载消耗的功率大小由灯泡的明暗指示，直观明了。

（2）直流电动机调速器：用于调整电动机的转速，采用 PWM（脉冲宽度调制）方式控制。电动机的运行平稳安静，噪声小，安全可靠。

（3）LED 显示键盘：人机接口，与检测系统进行交互，查看所有参数并设置系统载荷等。

（四）软件界面介绍

软件操作界面如图 2.21 所示。

（1）实测窗体菜单栏有"文件""实验项目""负载控制""操作""工具"菜单。

单击"文件"菜单可执行文件的新建、打开，以及当前图形文件的保存和打印操作；单击"实验项目"菜单可查看实验原理说明；单击"负载控制"菜单可对当前实时采集的负载控制；单击"操作"菜单可采集当前数据；"工具"菜单栏用于当前界面实时数据坐标调整及曲线滤波系数调整。

（2）实测界面。

实测界面上部分为转速、转矩和效率实时采集区，左下角为滑擦效率曲线采集区，右下角为当前曲线数据采集收集区。

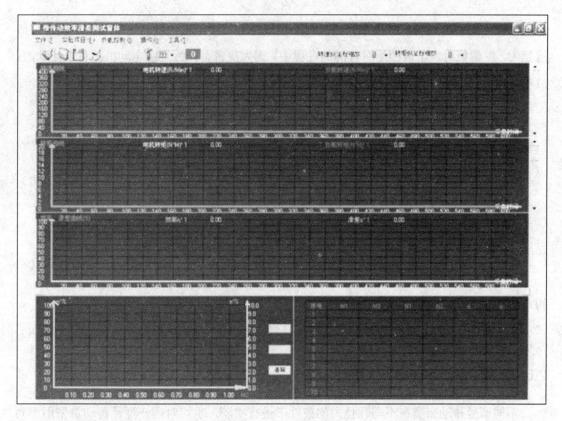

图 2.21　软件操作界面

2.6.3　实验原理

（一）测试原理

在直流电动机和发电机的一端分别装有两个光电编码器，电动机旋转时带动编码器主轴切割光电传感器的光束，产生两路脉冲信号（n_1,n_2）。整形后送入单片机在单位时间内进行计数，可得到每分钟的转速，两个速度的差值即带传动的滑差；两个压力传感器分别检测直流电动机的扭矩（M_1）和发电机的扭矩（M_2），压力传感器输出的微弱模拟信号经过放大后送入单片机进行模数转换（A/D 转换），再进行相应的数据处理即得到扭矩值。

（二）效率测试及打滑现象实验原理

当预紧力一定时，主动电动机的皮带轮和从动电动机的皮带轮与皮带的摩擦力足以使主动皮带轮与从动皮带轮的速度保持一致。这时，$v_{主}=v_{从}$，皮带的滑差率 $\varepsilon=\dfrac{v_1-v_2}{v_1}\times100\%=0$。当主动轮与皮带轮直径相等时，$\varepsilon=\dfrac{n_1-n_2}{n_1}\times100\%=0$；当让发电机负载（即让灯泡）消耗电能时，发电机因消耗了电能，故其主轴转速开始变慢。而主动轮还是以以前的速度运转，故皮带开始打滑。负载越大，发电机主轴转速就越慢，皮带打滑就越大。皮带相对发电机做绝对打滑的过程中，因为皮带有弹性且主电动机是可以活动的，故皮带相对电动机皮带轮就开始弹性打滑。

（三）效率计算

实际上皮带在打滑过程中始终都保持了弹性打滑，功率将在传动中损耗。

$$功率： N = \frac{30}{\pi} M \times n ， 效率： \eta = \frac{M_1 \times n_1}{M_2 \times n_2} \times 100\% \tag{2-37}$$

（四）滑差率计算

由转速表数字显示仪可直接读得两台电动机的转速 n_1 和 n_2 ，之后即可由滑差率定义求得：

$$\varepsilon = \frac{V_1 - V_2}{V_1} = \frac{\pi D_1 n_1 - \pi D_2 n_2}{\pi D_1 n_1} = (1 - \frac{D_2 n_2}{D_1 n_1}) \times 100\% \tag{2-38}$$

2.6.4 实验方法和步骤

不同型号传动带需在不同预拉力的条件下进行实验，也可对同一型号传动带采用不同的预拉力实验不同预拉力对传动性能的影响，改变砝码的大小即可改变带的预拉力。

（一）人工记录实验数据

（1）施加带的预拉力后打开电源开关，先不启动电动机，切换通道查看输入/输出扭矩通道的数据是否为零。如果为非零，应按零键进行清零。然后顺时针调节调速旋钮，使电动机达到预定的转速（推荐实验转速 1000～1200 r/min）。

（2）空载时，待数据稳定后观察输入扭矩通道的数据是否稳定。按下锁定键（如果数据较稳定也可以不锁定数据），然后切换各通道记录一次数据（输入/输出扭矩和输入/输出转速）。

（3）加载：调整电动机转速使其保持在预定转速范围内，待数据稳定后记录一次数据，然后再次改变负载。重复上述步骤，直到负载加 100%，根据所记录的数据便可做出带传动滑差率曲线 ε-T_2 及效率曲线 η-T_2。

（4）实验数据记录完毕后，将电动机调速旋钮旋至最小位置，关闭电动机。按 SET 键清空加载，使系统处于空载。

（二）计算机采集实验数据

（1）实验台可以通过上位机软件进行程控加载，各实验参数以曲线形式实时显示，在实验过程中可直观地观察到各数据变化的情况。

（2）将随实验台提供的 RS232 串口线连接到计算机的串行端口，开启实验台与计算机电源。运行带传动测试软件，选择"实验内容"→"测试"→"带传动测试"命令，打开测试界面。

（3）单击"采集"按钮，连接实验台与计算机的通信，即可实时动态地观察到所有检测参数。系统具备自动调零功能，使系统自动置零，减少实验误差。

（4）调节电动机转速至预定值，待数据稳定后，单击"手动采集"按钮。软件记录当前各参数，计算出效率与滑差率，并在界面上绘制曲线。

（5）单击负载操作中的"增加"按钮，增加系统负载，然后调节调速旋钮保持转速在预定范围内。待数据稳定后，单击"手动采集"按钮记录数据。重复上述步骤直到负载加100%，此时界面上已形成完成的效率曲线 $\eta\text{-}T_2$ 和滑差率曲线 $\varepsilon\text{-}T_2$。

（6）单击"打印"按钮，进入打印界面，可以观察到所有手动采集的数据及曲线的打印预览。

实验台负载调整的最小分辨率为 5%（约为 10 W），可根据实验需要采用不同的加载步长（如 10%采集一个数据点）。

2.6.5　注意事项

（1）确保实验台在通电前，调速旋钮在最低转速位置（逆时针旋转至极限位置）。

（2）若显示数据失常，可重启一次电源。

2.6.6　思考题

（1）引起带传动打滑的原因是什么？它与带传动的弹性滑动有何不同？

（2）提高带传动的承载能力有哪些措施？

（3）试述带传动的工作范围及特点。

（4）如何进行带的预紧力控制？

2.6.7　实验报告

实验报告包括应报告实验目的、实验内容、实验设备名称、型号，以及实验的基本原理、实验步骤和实验结果等内容，实验数据及计算结果可参考表 2-9。分析实验结果，绘制不同初拉力的效率曲线和滑差率曲线，并完成指导教师布置的思考题。

表 2-9　带传动性能测试实验数据及计算结果

加载次数	测定数据				计算数据	
	转速（r/min）		转矩力（N）		滑差率	效率
	n_1	n_2	T_1	T_2	ε（%）	η（%）
空载						
1						
2						
3						
4						
5						
6						
7						
8						
9						
10						

绘制带传动的滑动率曲线和效率曲线，如图 2.22 所示。

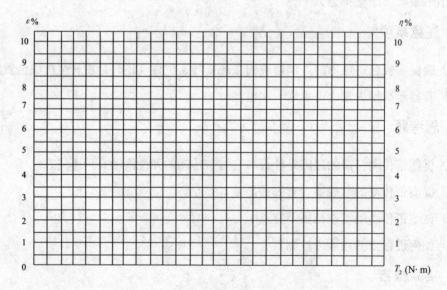

图 2.22　带传动的滑差率曲线和效率曲线

2.7　减速器拆装

2.7.1　实验目的

（1）了解减速器的整体结构及工作要求。

（2）了解减速器的箱体零件、轴和齿轮等主要零件的结构及加工工艺。

（3）了解减速器的主要部件及整机的装配工艺。

（4）了解齿轮和轴承的润滑、冷却及密封。

（5）通过动手拆装了解轴承及轴上零件的调整、固定方法，以及消除和防止零件间发生干涉的方法。

（6）了解拆装工具与减速器结构设计间的关系，为课程设计做好前期准备。

2.7.2　实验设备和工具

（一）实验设备

（1）一级和二级圆柱齿轮传动减速器。

（2）二级圆锥圆柱齿轮传动减速器。

（3）一级圆锥齿轮传动减速器。

（4）一级蜗杆传动减速器等。

（二）实验工具

各种扳手、螺丝刀、木槌、钢尺和游标卡尺等工具。

2.7.3　实验方法

在实验室首先由实验指导教师对几种不同类型的减速器现场进行结构分析、介绍，并对其中一种减速器的主要零部件的结构及加工工艺过程进行分析、讲解及介绍。然后由学生分组进行拆装，指导教师及辅导教师解答学生提出的各种问题。

在拆装过程中学生进一步观察了解减速器的各零部件的结构、相互间配合的性质、零件的精度要求、定位尺寸、装配关系和齿轮、轴承润滑和冷却的方式、润滑系统的结构和布置；输出轴、输入轴与箱体间的密封装置，以及轴承工作间隙调整方法和结构等。

2.7.4 实验步骤中应考虑的问题

（一）观察外形及外部结构

（1）观察减速器的外部附件，分清哪个是起吊装置、定位销、起盖螺钉、油标和油塞？它们各起什么作用？布置在什么位置？

（2）箱体和箱盖上为什么要设计筋板？筋板的作用是什么？如何布置？

（3）仔细观察轴承座的结构形状，应了解轴承座两侧连接螺栓应如何布置？支撑螺栓的凸台高度及空间尺寸应如何确定？

（4）铸造成型的箱体最小壁厚是多少？如何减轻其质量及表面加工面积？

（5）箱盖上为什么要设置铭牌？其目的是什么？铭牌中有什么内容？

（二）拆卸观察孔盖

（1）观察孔起什么作用？应布置在什么位置及设计多大才是适宜的？

（2）观察孔盖上为什么要设计通气孔？孔的位置应如何确定？

（三）拆卸箱盖

（1）拆卸轴承端盖紧固螺钉（嵌入式端盖无紧固螺钉）。

（2）拆卸箱体与箱盖连接螺栓，起出定位销钉。然后拧动起盖螺钉，卸下箱盖。

（3）在用扳手拧紧或松开螺栓螺母时扳手至少要旋转多少度才能松紧螺母？这与螺栓中心到外箱壁间距离有何关系？设计时距离应如何确定？

（4）起盖螺钉的作用是什么？与普通的螺钉结构有什么不同？

（5）如果在箱体和箱盖上不设计定位销钉将会产生什么样的严重后果？为什么？

（四）观察减速器内部各零部件的结构和布置

（1）箱体与箱盖接触面为什么没有密封垫？如何解决密封？箱体的分箱面上的沟槽有何作用？

（2）看清被拆的减速器内的轴承是油剂还是脂剂润滑，若采用油剂润滑，应了解润滑油剂是如何导入轴承内进行润滑的？如果采用脂剂润滑，应了解如何防止箱内飞溅的油剂及齿轮啮合区挤压出的热油剂冲刷轴承润滑脂？

（3）轴承在轴承座上的安放位置离箱体内壁有多大距离？在采用不同的润滑方式时距离应如何确定？

（4）目测齿轮与箱体内壁的最近距离，设计时距离的尺寸应如何确定？

（5）用手轻轻转动高速轴，观察各级啮合时齿轮有无侧隙，并了解侧隙的作用。

（6）观察箱内零件间有无干涉现象，并观察结构中是如何防止和调整零件间相互干涉的。

（7）观察调整轴承工作间隙（周向和轴向间隙）结构，在减速器设计时采用不同轴承应如何考虑调整工作间隙装置？应了解轴承内孔与轴的配合性质，以及轴承外径与轴承座的配合性质。

（8）设计时应如何考虑对轴的热膨胀进行自行调节？

（9）测量各级啮合齿轮的中心距。

（五）从箱体中取出各传动轴部件

（1）观察轴上大、小齿轮结构，了解大齿轮上为什么要设计工艺孔？其目的是什么？

（2）轴上零件是如何实现周向和轴向定位、固定的？

（3）各级传动轴为什么要设计成阶梯轴，不设计成光轴？设计阶梯轴时应考虑什么问题？

（4）采用直齿圆柱齿轮或斜齿圆柱齿时，各有什么特点？其轴承在选择时应考虑什么问题？

（5）计算各齿轮齿数和各级齿轮的传动比，高、低各级传动比是如何分配的？

（6）测量大齿轮齿顶圆直径 d_a，估算各级齿轮模数 m。测量最大齿轮处箱体分箱面到内壁底部的最大距离，并计算大齿轮的齿顶（下部）与内壁底部距离，设计时应根据什么来确定？

（7）观察输入轴和输出轴的伸出端与端盖采用什么形式密封结构？

（8）观察箱体内油标（油尺）、油塞的结构及布置，设计时应注意什么？油塞的密封是如何处理的？

（六）装配

（1）检查箱体内有无零件及其他杂物留在箱体内后，擦净箱体内部将各传动轴部件装入箱体内。

（2）将嵌入式端盖装入轴承压槽内，并用调整垫圈调整好轴承的工作间隙。

（3）将箱内各零件用棉纱擦净，并涂上机油防锈。再用手转动高速轴，观察有无零件干涉。无误后，经指导教师检查后合上箱盖。

（4）松开起盖螺钉，装上定位销，并拧紧。装上螺栓和螺母用手逐一拧紧后，再用扳手分多次均匀拧紧。

（5）装好轴承小盖，观察所有附件是否都装好。用棉纱擦净减速器外部，放回原处，摆放整齐。

（6）清点好工具，擦净后交还指导教师验收。

2.7.5　实验要求

（1）实验前必须预习实验指导书及课程设计指导书，初步了解减速器的基本结构。多提出实际问题，以便在实验中加以解决。

（2）按要求完成实验报告。

2.7.6　思考题

（1）轴承是如何进行润滑的？

（2）如果箱座的结合面上有油沟，那么下箱座应取什么样的相应结构才能使箱盖上的油进入油沟？油沟有几种加工方法？加工方法不同油沟的形状有何异同？

（3）为了使润滑油经油沟后进入轴承，轴承盖的结构应如何设计？

（4）在何种条件下滚动轴承的内侧要用挡油环或封油环？其作用原理、构造和安装位置如何？

（5）大齿轮顶圆距箱底壁间为什么要留一定距离？这个距离如何确定？

2.7.7　实验报告

实验报告应包括实验目的、实验内容、实验步骤、实验器材和实验结果等内容，所要测量的减速器主要技术参数可参考表 2-10 和表 2-11。然后测绘减速器中轴系结构部件的草图，并标注配合尺寸；同时简要说明减速器中各附件的安装位置及其作用（如油尺、油堵、观察孔、透气孔、吊环、起吊钩、定位销和起盖螺钉）。

表 2-10　减速器箱体尺寸测量结果

名　　称	符　　号	数　据（mm）
中心距	a_1	
	a_2	
中心高	H	
箱座上凸缘的厚度	b	
箱座上凸缘的宽度	k	
箱座下凸缘的厚度	p	
箱座下凸缘的宽度	k_1	

（续表）

名　　称	符　号	数　据（mm）
上筋板厚度	m_1	
下筋板厚度	m_2	
齿轮端面与箱体内壁的间距	a	
大齿轮顶圆与箱体内壁的间隙	Δ_1	
大齿轮顶圆与箱体底面的距离	Δ_2	
轴承内端面至箱内壁的距离	l_2	

表 2-11　减速器的主要参数

齿数		小齿轮			大齿轮		
	高速级	$z_1=$			$z_2=$		
	低速级	$z_3=$			$z_4=$		
传动比 $i=i_1i_2$		高速级 i_1		低速级 i_2		总传动比 i	
模　数 m（m_n）（mm）		高速级			低速级		
齿宽 b 及齿宽系数 φ_d（mm）		高速级			低速级		
		小齿轮 $b=$	大齿轮 $b=$	$\varphi_d=$	小齿轮 $b=$	大齿轮 $b=$	$\varphi_d=$
轴承		第 1 根轴		第 2 根轴		第 3 根轴	
	型　号						
	安装方式						

第 3 章 设计性实践

机械设计上机实验旨在提高学生利用现代设计手段设计机械零件的水平，锻炼学生正确处理机械零件设计过程中图表数据的能力，并且促进学生对机械设计这门课程理论知识的理解和掌握，使得学生能够实现对典型机械零件的计算机辅助设计计算。本章重点介绍普通 V 带传动计算机辅助设计（Computer Aided Design，CAD），其他零件的设计可参照完成。

3.1 SolidWorks 软件简介

近年来，随着计算机技术在各技术领域全面深入的渗透，设计人员的思维、观念和方法正在不断地变化、发展和更新。作为具有几百年历史的机械设计技术领域，计算机技术发展迅速地影响着其发展模式。各种设计技术、计算技术和设计工具使机械设计传统的理论体系和方法体系受到强烈的冲击。在机械设计过程中，利用计算机作为工具的一切实用技术的总和称为"计算机辅助设计"。

机械 CAD 主要应用于机械设计的机构综合、机械零件及整机的分析计算、计算机辅助绘图、设计审查与评价、设计信息的处理、检索和交换等。机械 CAD 包括的内容有很多，如概念设计、优化设计、有限元分析、计算机仿真、计算机辅助绘图和计算机辅助设计过程管理等。CAD 的运用使机械设计技术从相对静止的方式变为基于计算数据、动态和高度模块化的现代机械设计技术，使人们可以从烦琐的计算分析和信息检索中解放出来，把更多的精力放在方案创新设计和对机械产品的市场需求调查上。也为"考虑装配的设计"和"考虑制造的设计"等并行设计的实施创造了条件，使异地、协同、虚拟设计及实时仿真成为可能，提高了设计效率，缩短了机械产品的设计周期和优化程度。

机械设计中常用的计算机辅助设计软件有 AutoCAD、CAXA、UG、Pro/E、SolidWorks 和机械设计手册软件版等。机械设计手册软件版可以帮助用户快速查询常用资料、常用标准、公差配合、材料、标准件和机械设计常用规范等，是目前国内机械设计方面资料较为齐全的资料库软件，也可完成机械设计零件设计、常用传动设计、标准件的选用校核及常用电动机的计算选用；AutoCAD、CAXA 主要用于工程图的绘制；UG、Pro/E、SolidWorks 用于建立机械产品的三维模型并对机械产品进行运动学、动力学分析及各种强度的计算。

其中 SolidWorks 易学易用、功能强大且为全中文界面，得到了越来越广泛的应用。

SolidWorks 应用程序是一套机械设计自动化软件，它采用了人们所熟悉的 Microsoft Windows 图形用户界面。使用它，机械设计用户可以快速地按照其设计思想绘制出草图，并运用特征与尺寸绘制模型实体、装配体及详细的工程图。

除进行产品设计外，SolidWorks 还集成了强大的辅助功能，可以对设计的产品进行三维浏览、运动模拟、碰撞和运动分析与受力分析等。

3.1.1　SolidWorks 的设计思想

SolidWorks 的设计思想是首先按照用户的设计思想绘制出草图，然后生成二维工程图和三维零件、装配体。

（一）三维设计的 3 个基本概念

（1）实体造型。

实体造型是指在计算机中用一些基本元素来构造机械零件的完整几何模型，设计人员在计算机上直接进行三维设计，在屏幕上能够见到产品的真实三维模型。当零件在计算机中建立模型后，用户就可以很方便地进行后续环节的设计工作，如部件的模拟装配、总体布置、管路铺设、运动模拟、干涉检查，以及数控加工与模拟等。

（2）参数化。

传统的 CAD 绘图都用固定的尺寸值定义几何元素，要想修改的话只有删除原有线条后重画，操作不方便。参数化设计可使产品的设计图随着某些结构尺寸的修改和使用环境的变化而自动修改图形。它一般是指设计对象的结构形状比较定型，可以用一组参数来约束尺寸关系，生产中常用的系列化标准件就属于该类型。

（3）特征。

特征兼有形状和功能两种属性，包括特定几何形状、拓扑关系、典型功能、绘制表示方法、制造技术和公差要求。它是产品设计和制造者最关注的对象，是产品局部信息的集合。基于特征的设计是把特征作为产品设计的基本单元，并将机械产品描述成特征的有机集合。

（二）设计过程

在 SolidWorks 系统中，零件、装配体和工程图都属于对象。它采用了自顶向下的设计方法创建对象，设计过程如图 3.1 所示。

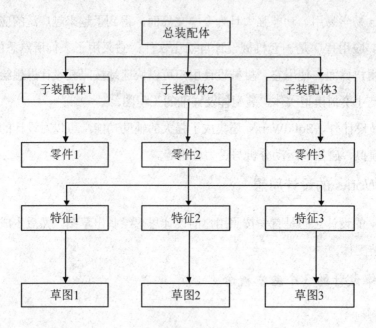

图 3.1 设计过程

该过程说明在 SolidWorks 中零件设计是核心，特征设计是关键，草图设计是基础。

（三）设计方法

在 SolidWorks 中直接设计出三维实体零件，再根据需要生成工程图，与传统的 CAD 设计方法不同，如图 3.2 所示。

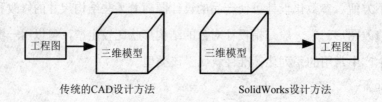

图 3.2 设计方法对比

装配体是若干零件的组合，是 SolidWorks 系统中的对象，通常用来实现一定的设计功能。

在 SolidWorks 中，用户先设计好所需的零件，然后根据配合关系和约束条件将零件组装在一起生成装配件。

工程图就是常说的工程图纸，是 SolidWorks 系统中的对象。它用来记录和描述设计结果，是工程设计中的主要档案文件。

用户根据设计好的零件和装配件，按照图纸的表达需要，通过 SolidWorks 系统中的命令生成各种视图、剖面图、轴测图等。然后添加尺寸说明，得到最终的工程图。

如果对零件或装配体进行了修改，则对应的工程图文件也会相应地被修改。

3.1.2　SolidWorks 2012 简介

（一）菜单栏

菜单栏中包含所有 SolidWorks 的命令，可根据文件类型（零件、装配体和工程图）来调整和放置并设定其显示状态。菜单栏显示在标题栏的下方，在默认情况下是隐藏的，只显示标准工具栏，如图 3.3 所示。

图 3.3　标准工具栏

要显示菜单栏需要将指针移动到 SolidWorks 图标上或单击它，显示的菜单栏如图 3.4 所示。

图 3.4　菜单栏

若要始终保持菜单栏可见，则需要单击 （图钉）图标，将其更改为 （钉住）状态，其中最关键的功能集中在"插入"和"工具"菜单项中。

（二）工具栏

SolidWorks 中有很多可以按需要显示或隐藏的内置工具栏，在用户界面中可对工具栏按钮执行如下操作。

（1）从工具栏上一个位置拖动到另一个位置。

（2）从一个工具栏拖动到另一个工具栏。

（3）从工具栏拖动到图形区中，即从工具栏上将其移除。

在使用工具栏按钮时，将指针移动到工具栏按钮附近就会弹出消息提示，显示该按钮的名称和对应的功能。

（三）状态栏

状态栏位于 SolidWorks 用户界面底端的水平区域，提供了当前窗口中正在编辑内容的状态，以及指针位置坐标和草图状态等信息。

典型信息如下。

（1）重新建模图标 ⑧：在更改草图或零件而需要重建模型时，该图标会显示在状态栏中。

（2）草图状态：在编辑草图过程中，状态栏会出现 5 种草图状态，即完全定义、过定义、欠定义、没有找到的解和发现无效的解。在零件完成之前，应该完全定义草图。

（3）快速提示帮助图标：根据 SolidWorks 的当前模式给出提示和选项，使用更方便也更快捷，这对于初学者来说是很有用的。快速提示因具体模式而异，其中 ⑦ 表示可用，但当前未显示；⑧ 表示当前已经显示，单击可关闭快速提示；⑧ 表示当前模式不可用；囗表示暂时禁用。

（四）FeatureManger 设计树

FeatureManger 设计树位于 SolidWorks 用户界面的左侧，是 SolidWorks 中比较常用的部分。其中提供了激活的零件、装配体或工程图的大纲视图，从而可以很方便地查看模型或装配体的构造情况，或者查看工程图中不同的图纸和视图。

FeatureManger 设计树和图形区是动态链接的，在使用时可以在任何窗格中选择特征、草图、工程视图和构造几何线。

FeatureManger 设计树用来组织和记录模型中各个要素之间的参数信息和相互联系，以及模型、特征和零件之间的约束关系等，几乎包含了所有设计信息。

FeatureManger 设计树的功能主要有以下几个方面。

（1）以名称来选择模型中的项目，即可通过在模型中选择其名称来选择特征、草图、基准面及基准轴。

（2）确认和更改特征的生成顺序，在 FeatureManger 设计树中利用拖动项目可以调整特征的生成顺序，这将更改重建模型时特征重建的顺序。

（3）通过双击特征的名称可显示特征的尺寸。

（4）如要更改项目的名称，在名称上缓慢单击两次以选择该名称，然后输入新的名称即可。

（5）压缩和解除压缩零件特征与装配体零部件，在装配零件时是很常用的。

（五）PropertyManager 标题栏

PropertyManager 标题栏一般会在初始化时使用，在为其定义命令时自动出现。编辑草图并选择草图特征进行编辑时，所选草图特征的 PropertyManager 标题栏将自动出现。

3.1.3　文件管理

（一）打开文件

SolidWorks 可以打开已存储的文件，对其执行相应的编辑和操作。

选择需要的文件后，单击对话框的"打开"按钮，可以打开选择的文件。在"文件类型"下拉列表框中并不限于调用 SolidWorks 类型的文件，还可以调用其他软件（如 Pro/E、CATIA 和 UG 等）所形成的图形文件并对其进行编辑。

（二）保存文件

已编辑的图形只有保存后才能在打开该文件后对其执行相应的编辑和操作。

（三）退出 SolidWorks

在文件编辑并保存完成后，就可以退出 SolidWorks。

3.1.4　SolidWorks 工作环境设置

要熟练地使用一款软件，必须先认识它的工作环境，然后设置适合自己的使用环境，这样可以使设计工作更加快捷。SolidWorks 可以根据用户的需要显示或隐藏工具栏，以及添加或删除工具栏中的命令按钮，还可以根据需要设置零件、装配体和工程图的工作界面。

（一）设置工具栏

SolidWorks 系统默认的工具栏是比较常用的，在建模过程中用户可以根据需要显示或隐藏部分工具栏，其设置方法有如下两种。

（1）用菜单命令设置工具栏。

在工具栏区域单击鼠标右键，在弹出的快捷菜单中选择"自定义"命令，出现系统所有的工具栏。勾选需要打开的工具栏复选框，如果需要隐藏工具栏，则取消勾选该工具栏的复选框。

（2）利用鼠标右键设置工具栏。

（二）设置快捷键

设置方法为选择"工具"→"自定义"→"键盘"选项。

（三）设置背景

用户可以更改操作界面的背景及颜色，以设置个性化的用户界面。

设置方法为选择"工具"→"选项"→"系统选项颜色"选项。

（四）设置实体颜色

系统默认的绘制模型实体的颜色为灰色，在零部件和装配体模型中，为了使图形有层次感和真实感，通常改变实体颜色。

设置方法为选择"特征管理器"→"颜色"选项。

（五）设置单位

在三维实体建模前，需要设置系统的单位。系统默认的单位为毫米、克和秒，可以使用自定义的方式设置其他类型的单位系统及长度单位等。

设置方法为选择"工具"→"选项"→"系统选项"→"普通"选项。

3.1.5 SolidWorks 术语

（一）文件窗口

SolidWorks 文件窗口有两个窗格，如图 3.5 所示。

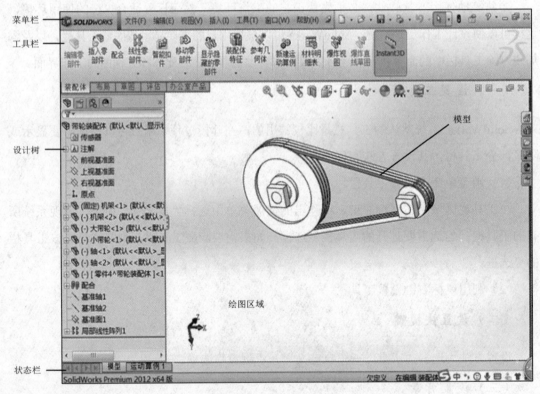

图 3.5 文件窗口

（二）常用模型术语

常用模型术语如图 3.6 所示。

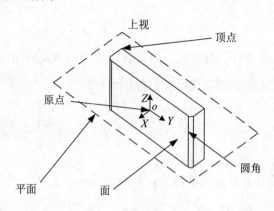

图 3.6　常用模型术语

（1）顶点：两个或多个直线或边线相交之处的点，可选做绘制草图和标注尺寸等用途。

（2）面：模型或曲面的所选区域，模型或曲面带有边界，可帮助定义模型或曲面的形状。

（3）原点：显示为灰色，代表模型的(0,0,0)坐标。当激活草图时，原点显示为红色，代表草图的(0,0,0)坐标。尺寸和几何关系可以加入模型原点，但不能加入草图原点。

（4）平面：平的构造几何体，可用于绘制草图、生成模型的剖面视图及拔模特征中的中性面等。

（5）圆角：草图内或曲面或实体上的角或边的内部圆形。

（6）特征：单个形状，如与其他特征结合则构成零件。有些特征，如凸台和切除，则由草图生成。

（7）几何关系：草图实体之间或草图实体与基准面、基准轴、边线或顶点之间的几何约束，可以自动或手动添加这些项目。

（8）模型：零件或装配体文件中的三维实体几何体。

（9）自由度：没有由尺寸或几何关系定义的几何体可自由移动。在二维草图中，有 3 种自由度，即沿 X 轴和 Y 轴移动，以及绕 Z 轴旋转（垂直于草图平面的轴）；在三维草图中，有 6 种自由度，即沿 X、Y、Z 轴移动，以及绕 X、Y、Z 轴旋转。

（10）坐标系：平面系统，用来为特征、零件和装配体指定笛卡儿坐标。零件和装配体文件包含默认坐标系，其他坐标系可以参考几何体定义，用于测量工具及将文件输出到其他格式。

3.2 上机实践任务书

3.2.1 实验目的

（1）熟悉典型零件的设计计算方法，对设计过程中所涉及的图表数据进行必要处理。

（2）利用某种三维绘图软件实现机械零件的设计计算。

（3）打印实验结果，并编写实验报告。

3.2.2 实验内容

普通 V 带传动的设计计算及键的选用，带传动结构的三维设计及带轮的工程图绘制。

3.2.3 实验设备

（1）硬件：计算机（每人一台）。

（2）软件：SolidWorks 2012。

3.2.4 实验数据

设计鼓风机用的 V 带传动，选用异步电动机驱动。已知电动机转速、功率及传动比等原始数据，见表 3.1。

表 3.1　原始数据

题号	1	2	3	4	5	6	7	8	9	10	11	12	13	14	15	16
传动比 i	2.0	2.5	3.0	3.5	2.0	2.5	3.0	3.5	2.0	2.5	3.0	3.5	2.0	2.5	3.0	3.5
电动机功率（kW）	3				4				5				6			
n_1（r/min）	960															
题号	17	18	19	20	21	22	23	24	25	26	27	28	29	30	31	32
传动比 i	2.0	2.5	3.0	3.5	2.0	2.5	3.0	3.5	2.0	2.5	3.0	3.5	2.0	2.5	3.0	3.5
电动机功率（kW）	7				8				9				10			
n_1（r/min）	1440															

注：每人一组数据，其他条件为传动比允许误差≤±5%。

3.2.5　实验要求

（1）V 带传动的设计计算可参见教材例题。

（2）轴径的设计按下式估算：$d_{\min} \geqslant A \sqrt[3]{\dfrac{P}{n}} \times 1.03$，并要求圆整（轴的材料选用 45 号钢时，$A$ 可取 110，轴的结构设计也可参考教材例题）。

（3）V 带轮的结构设计（包括选择带轮的材料和结构形式，以及基本结构尺寸的计算），可参考教材例题。

（4）键的选择及强度校核。

（5）用 3D 软件设计零件及装配图，并标注主要的特征尺寸（软件不限，本书用 SolidWorks 2012 介绍）。

（6）由带轮三维实体生成零件（工程）图并进行必要的标注。

（7）撰写实验报告并打印设计图纸。

3.2.6　实验报告

实验报告内容包括封面、设计任务书、目录、设计计算过程、三维设计效果、CAD 工程图、实验总结和参考资料等。

3.3　V 带传动设计计算案例

3.3.1　V 带传动参数计算

已知条件为用于鼓风机的带传动结构，传递功率 $P=1.0$ kW、主动轮转速 $n_1=1600$ r/min、传动比 $i=3.2$、两班工作制且传动比误差小于 5%。

V 带传动的设计计算见表 3.2。

表 3.2　V 带传动的设计计算

设计项目	设计计算过程	设计结果
（1）确定计算功率 P_{ca}	由参考文献[1]表 8-8 查得 $K_A=1.3$，故 $P_{ca}=K_A P=1.3 \times 1.0=1.3$ kW	$P_{ca}=1.3$ kW
（2）确定 V 带的截型	根据 P_{ca} 及 n_1 查参考文献[1]图 8-11 确定选用 Z 型 V 带	选用 Z 型 V 带

（续表）

设计项目	设计计算过程	设计结果
（3）确定带轮基准直径 d_{d1}、d_{d2}	（1）由参考文献[1]表 8-7 和表 8-9 查得 d_{d1} （2）验算带速 v $v = \dfrac{\pi d_{d1} n_1}{60 \times 1000} = 6.70 \ \text{m/s}$ （3）计算大带轮直径 d_{d2} $d_{d1} = i d_{d2} = 3.2 \times 80 = 256\text{mm}$ （4）实际传动比 $i' = \dfrac{250}{80} = 3.125$ 传动比误差： $\Delta i = \dfrac{3.2 - 3.125}{3.2} \times 100\% \approx 2.3\%$	取 $d_{d1} = 80$ mm $v = 6.70$ m/s 5m/s≤v≤25 m/s 由参考文献[1] 表 8-9 取 $d_{d2} = 250$ mm Δi≤5%，满足要求
（4）确定带长 L_d 及中心距 a	（1）初取中心距 a_0 由参考文献[1]式（8-20）得： $0.7(d_{d1} + d_{d2})$≤a_0≤$2(d_{d1} + d_{d2})$ 得 231≤a_0≤660，取 $a_0 = 350$ mm （2）确定带长 L_d 由参考文献[1]式（8-22）得 $L_{d0} = 2a_0 + \dfrac{\pi}{2}(d_{d1} + d_{d2}) + \dfrac{(d_{d2} - d_{d1})^2}{4a_0}$ $L_{d0} = 1240$ mm （3）计算实际中心距 由参考文献[1]式（8-23）得： $a = a_0 + \dfrac{L_d - L_{d0}}{2} = 395$ mm	$a_0 = 350$ mm 由参考文献[1]表 8-2 取 $L_d = 1330$ mm $a = 395$ mm
（5）验算包角 α_1	由参考文献[1]式（8-25）得： $\alpha_1 = 180° - \dfrac{d_{d2} - d_{d1}}{a} \times 57.3°$ $\alpha_1 = 157°$	$\alpha_1 > 120°$
（6）确定 V 带的根数 z	由参考文献[1]式（8-26）得： $z = \dfrac{P_{ca}}{P_r} = \dfrac{K_A P}{(P_0 + \Delta P_0) K_\alpha K_L}$ 由参考文献[1]表 8-4 和表 8-5 得： P_0=0.39kW，$\Delta P_0 = 0.03$kW 由参考文献[1]表 8-6 得：$K_\alpha = 0.95$ 由参考文献[1]表 8-2 得：$K_L = 1.13$ 则 $z = 3.05$	取 z=3 根
（7）确定初拉力 F_0	由参考文献[1]式（8-27）得： $F_0 = 500 \dfrac{P_{ca}}{vz}(\dfrac{2.5}{K_\alpha} - 1) + qv^2$ 由参考文献[1]表 8-3 得：q=0.06 kg 则 $F_0 = 49$N	$F_0 = 49$N
（8）计算压轴力 F_p	由参考文献[1]式（8-31）得： $F_P = 2z F_0 \sin \dfrac{\alpha_1}{2} = 288$N	$F_P = 288$ N

3.3.2　带轮的结构设计

首先根据设计要求，经过设计计算得到 V 带型号、带轮直径、带传动中心距和带的根数，并通过设计得到带轮的结构尺寸，V 带轮槽结构图图 3.7 所示。

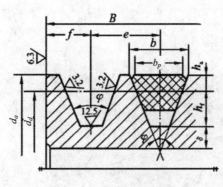

图 3.7　V 带轮槽结构图

普通 V 带轮的轮槽尺寸见表 3.3。

表 3.3　普通 V 带轮的轮槽尺寸

槽形尺寸		型　号						
		Y	Z	A	B	C	D	E
h_{amin}（mm）		1.6	2.0	2.75	3.5	4.8	8.1	9.6
h_{fmin}（mm）		4.7	7.0	8.7	10.8	14.3	19.9	23.4
b_p（mm）		5.3	8.5	11	14	19	27	32
e（mm）		8	12	15	19	25.5	37	44.5
f（mm）		6	7	9	11.5	16	23	28
δ_{min}（mm）		5	5.5	6	7.5	10	12	15
B		$B=(z-1)e+2f$，z 为带根数						
φ	32°	d_d（mm）	≤60						
	34°			≤80	≤118	≤190	≤315		
	36°		>60					≤475	≤600
	38°			>80	>118	>190	>315	>475	>600

3.4　带传动三维设计演示

假定设计为 Z 型普通 V 带，小带轮基准直径 d_{d1}=80 mm，带的根数 z=3。带轮槽的结

构参数为 b_P=8.5，h_{amin}=2，h_{fmin}=9，e=12，f=8，δ_{min}=5.5。

所以 $B=(z-1)\,e+2f=(3-1)\times12+2\times8=40$，$d_a=d_{d1}+2h_a=80+2\times2=84$，$\varphi=34°$，$L=B=40$。

3.4.1　小带轮三维设计步骤

（1）在桌面新建一个工作文件夹，如"带轮"，以便于管理创作的工程零件。启动 SolidWorks 2012，其界面如图 3.8 所示。

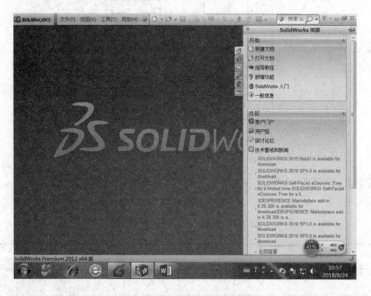

图 3.8　SolidWorks 2012 界面

（2）选择"文件"→"新建"选项，新建一个零件文件，如图 3.9 所示。

图 3.9　新建一个零件文件

（3）SolidWorks 2012 的工作模式是第 1 步需要在草图中绘制截面（确定零件的大致形状之后进行尺寸标注），然后在特征中进行拉伸和旋转等生成三维图。

- 选择"前视基准面"，如图 3.10 所示，然后进入草图绘制界面，如图 3.11 所示。

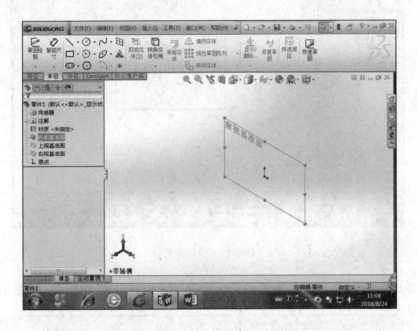

图 3.10　选择"前视基准面"

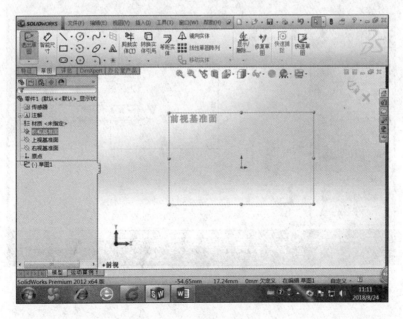

图 3.11　草图绘制界面

- 在该草图上绘制任意矩形，如图 3.12 所示。

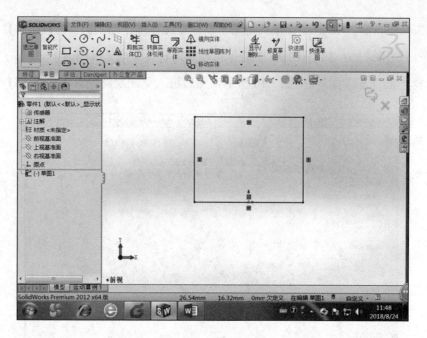

图 3.12 绘制矩形

- 单击"智能尺寸"按钮修改成 42×40 矩形，按下"Enter"键结束，如图 3.13 所示。

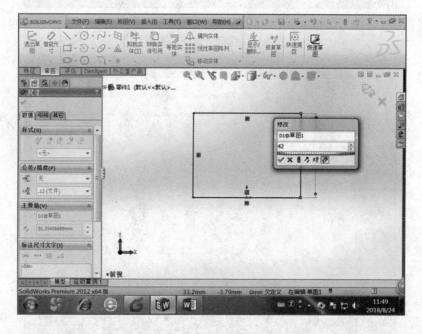

图 3.13 智能尺寸标注

- 绘制任意尺寸等腰梯形，用"智能尺寸"标注楔角 $\varphi=34°$。绘制带轮槽楔角形状，如图 3.14 所示。

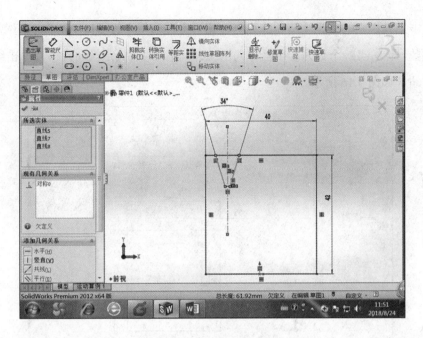

图 3.14 绘制带轮槽楔角形状

- 用"智能尺寸"设置中心线与边线的距离为 8，在两条斜边上用"点"按钮分别构造一个点。用"智能尺寸"设置两点与上边线的距离均为 2，两点之间的距离为 8.5，并设置底端与上边线的距离为 11。这样带轮槽截面的所有尺寸全部给出，如图 3.15 所示。

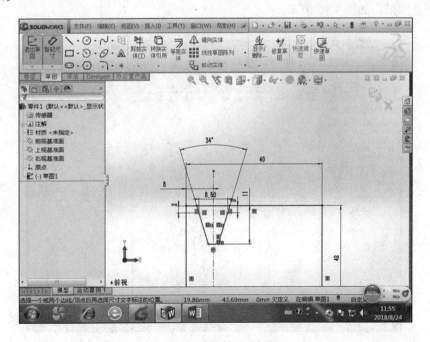

图 3.15 带轮槽尺寸标注

- 单击工具栏中的"线性草图阵列"按钮，在左边栏中设置阵列方向、距离和个数等参数，即 D_1=12，个数为 3 个且方向沿 X 轴（前面的箭头是换向操作），单击绿色"√"按钮，如图 3.16 所示。

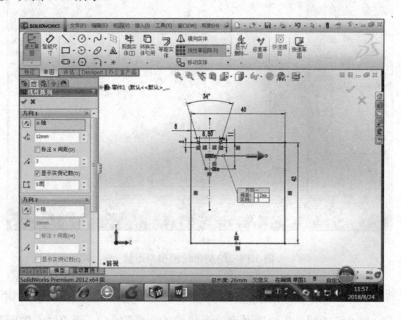

图 3.16　带轮槽阵列

- 单击工具栏中的"剪裁实体"（剪裁最近端）按钮将多余的线都剪掉，使截面呈一个闭合图形，如图 3.17 所示。

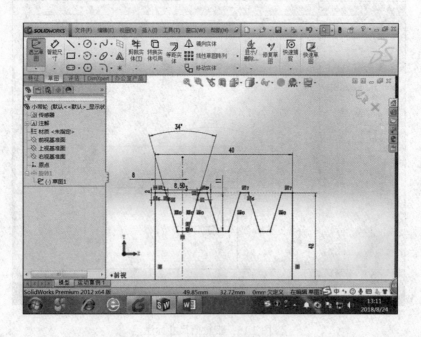

图 3.17　闭合图形

● 单击"特征"按钮，切换到特征工具栏。单击"旋转凸台/基体"按钮，在左边选择"旋转轴"为截面底边线，旋转方向为 360°，单击绿色"√"按钮，如图 3.18 所示。

图 3.18　特征预览

● 按下"Enter"键生成三维图，如图 3.19 所示。

图 3.19　三维图

- 选择刚才所画小带轮的一个面，单击鼠标右键，在弹出的快捷菜单中选择"正视于"选项。

- 选择"草图"→"草图绘制"选项，选择小带轮端面，如图 3.20 所示。

图 3.20　小带轮端面

- 绘制直径为 30 与外圆同心的小圆，单击绿色"√"按钮。转到"草图"选项卡，在小带轮端面上绘制圆，如图 3.21 所示。

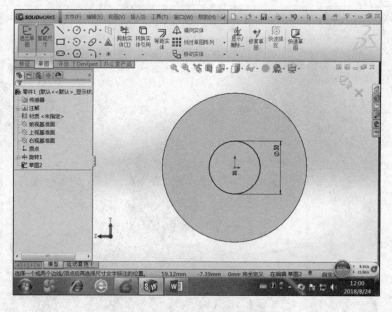

图 3.21　在小带轮端面上绘制圆

- 对带轮进行拉伸切除，选择"完全贯穿"选项。
- 单击绿色"√"按钮，如图 3.22 所示。

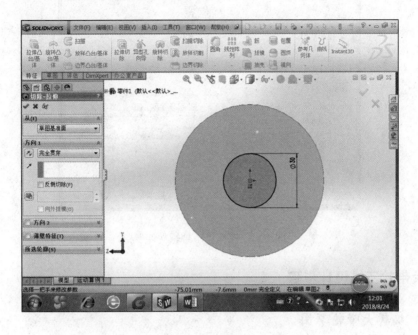

图 3.22　拉伸切除

- 完成小带轮作图，选择"文件"选项，另存储在刚开始所建的文件夹中，命名为"小带轮"，如图 3.23 和图 3.24 所示。

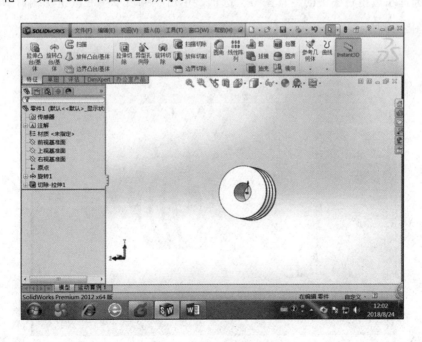

图 3.23　生成带孔小带轮

图 3.24 保存"小带轮文件"

3.4.2　大带轮三维设计步骤

（一）编辑大带轮草图

直接在刚才所做的小带轮零件图上修改可以节省不少步骤。

（1）打开"小带轮"文件，如图 3.25 所示。

（2）选择左边树状图中的"草图 1"选项，单击"编辑草图"按钮，编辑小带轮零件草图，如图 3.26 所示。

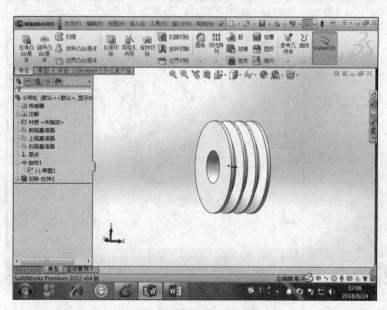

图 3.25 打开"小带轮"文件

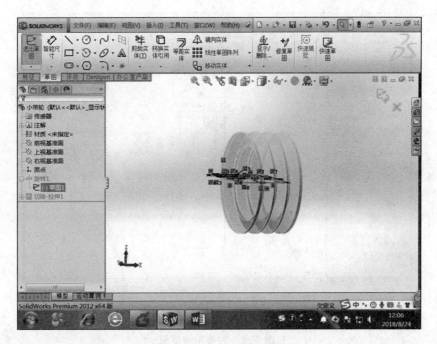

图 3.26　编辑小带轮零件草图

（3）单击"正视于"按钮，得到图 3.27 所示的效果。

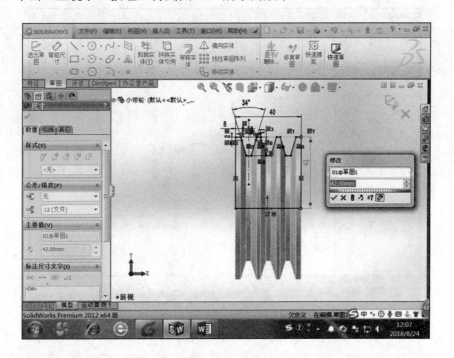

图 3.27　正视于草图

（4）双击 d_a=40，将 40 改为大轮半径 125。

（5）单击绿色"√"按钮，画出大带轮的草图，如图 3.28 所示。

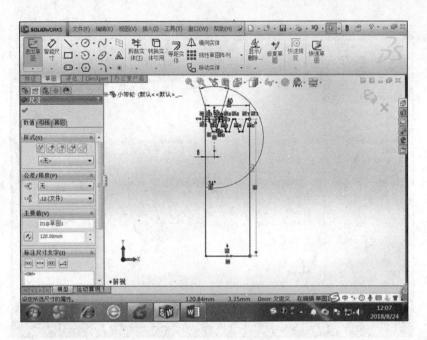

图 3.28　大带轮的草图

（6）单击"退出草图"按钮，生成三维大带轮草图，如图 3.29 所示。

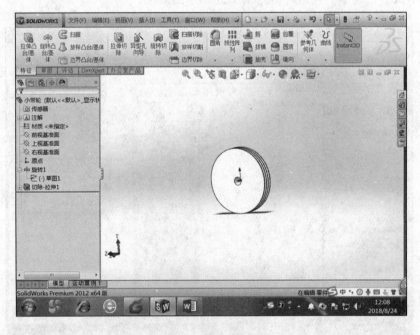

图 3.29　三维大带轮草图

（二）绘制辐板

（1）单击一个端面画图，单击"正视于"按钮，得到图 3.30 所示的效果，然后，在此面上草绘两个圆，直径分别为 60、170。

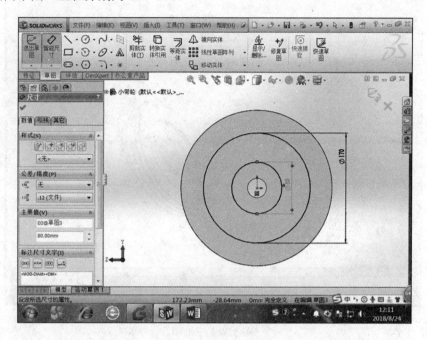

图 3.30　草绘两个圆

（2）切换到"特征"选项卡，单击"切除-拉伸"按钮，效果如图 3.31 所示。

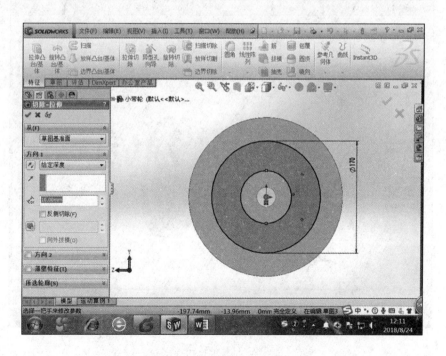

图 3.31　"切除-拉伸"后的效果

（3）单击绿色"√"按钮，生成三维图，如图 3.32 所示。

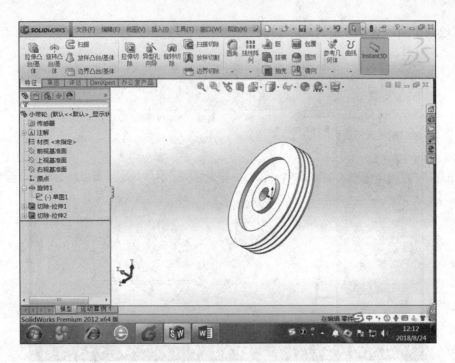

图 3.32　三维图

（4）选择另一面，重复操作生成带轮轮辐，如图 3.33 所示。

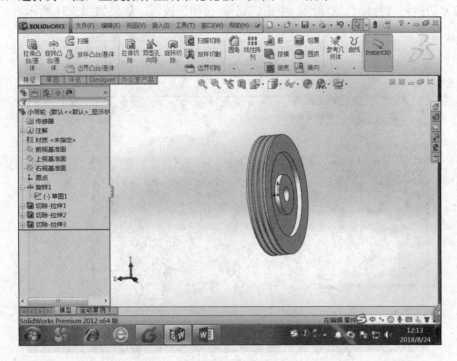

图 3.33　带轮轮辐

（5）选择"文件"→"另存为"选项，在刚才的文件夹下保存文件，命名为"大带轮"。

3.4.3 SolidWorks 机架三维设计步骤

（1）打开 SolidWorks，选择"文件"→"新建"选项。

（2）绘制截面草图，选择"前视基准面"→"草图"→"草图绘制"选项，选择草图绘制基准面，如图 3.34 所示。

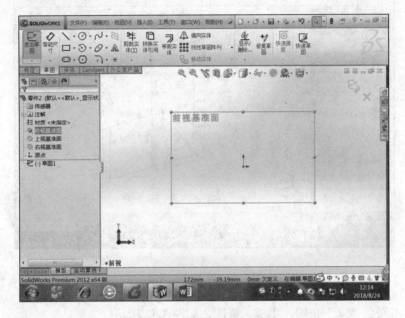

图 3.34 选择草图绘制基准面

（3）在该草图上绘制矩形和圆，单击"智能尺寸"按钮，标注尺寸，如图 3.35 所示。

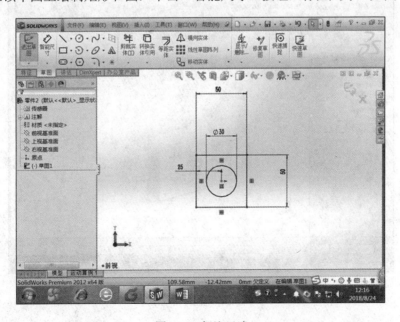

图 3.35 标注尺寸

（4）单击"特征"按钮，单击"凸台-拉伸"按钮。输入"给定深度"为"20"，如图 3.36 所示。

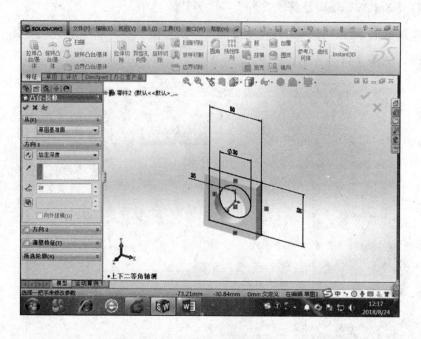

图 3.36　输入给定深度

（5）单击绿色"√"按钮，生成三维图，如图 3.37 所示。

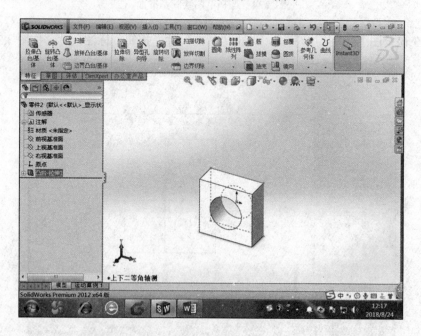

图 3.37　生成三维图

（6）保存文件。

3.4.4　轴的三维设计步骤

（1）启动 SolidWorks，选择"文件"→"新建"选项。

（2）绘制截面草图，单击"前视基准面"。单击鼠标右键，在弹出的快捷菜单中选择"正视于"选项进入绘制草图界面，如图 3.38 所示。

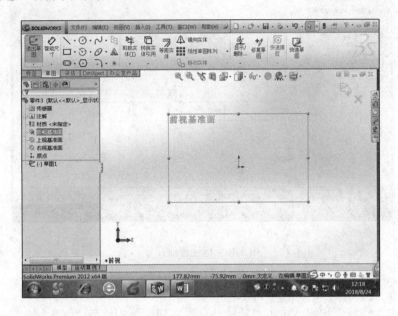

图 3.38　绘制草图界面

（3）绘制草图截面，即一条中心线和一个封闭形状，如图 3.39 所示。

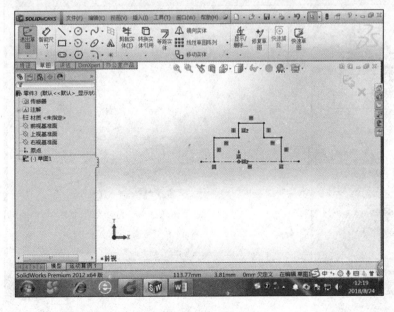

图 3.39　绘制草图截面

（4）单击"智能尺寸"按钮，然后标注智能尺寸，如图 3.40 所示。

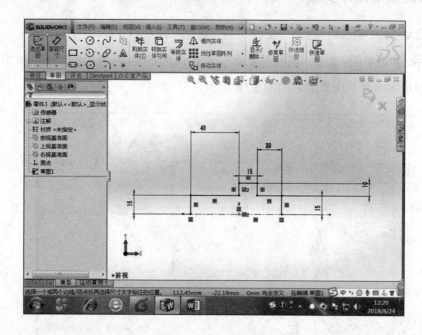

图 3.40　标注智能尺寸

（5）按下"Enter"键生成三维图。

（6）单击"特征"按钮，单击"旋转凸台"按钮，单击绿色"√"按钮。

（7）预览轴的三维图，如图 3.41 所示。

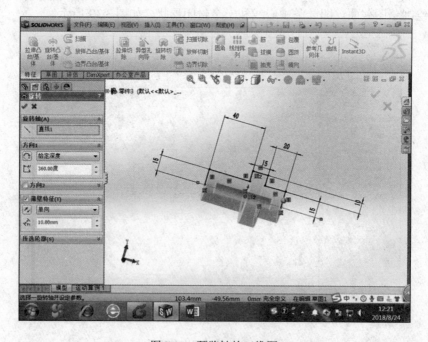

图 3.41　预览轴的三维图

（8）单击绿色"√"按钮，生成轴的三维图，如图 3.42 所示。

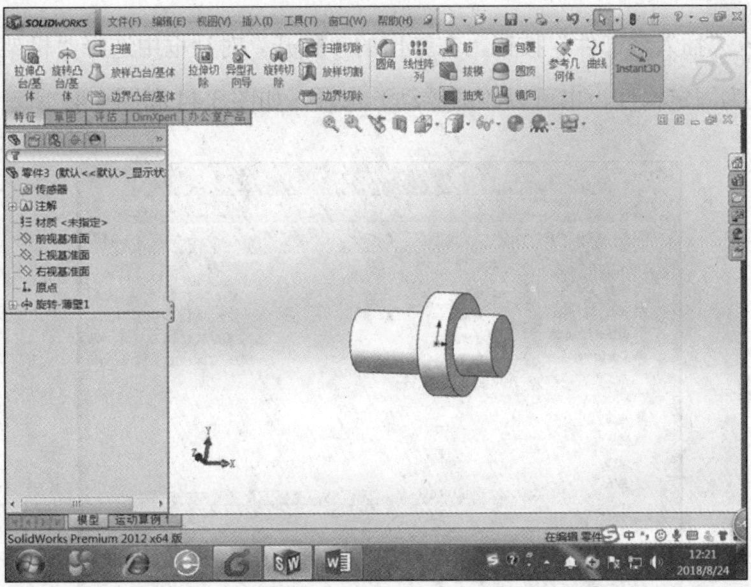

图 3.42　轴的三维图

（9）保存文件。

3.4.5　装配

（一）新建一个"装配体"文件

（1）新建一个"装配体"文件，如图 3.43 所示。

图 3.43　新建一个"装配体"文件

（二）插入零件

（1）单击 "插入零部件"按钮，在弹出的"打开"对话框中选择"机架"（第 1 个插入的零件默认为固定构件，也可以改成浮动）选项，如图 3.44 和图 3.45 所示。

图 3.44　选择待插入部件

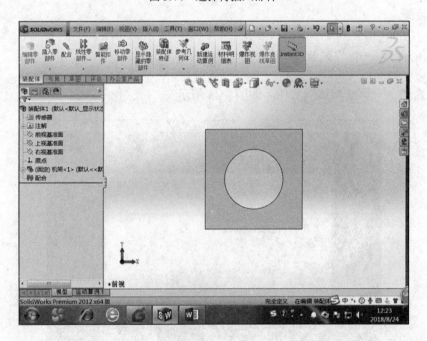

图 3.45　插入机架

（2）重复操作，插入"小带轮""大带轮""机架""轴"部件，如图 3.46 所示。

图 3.46 插入部件

（三）进行装配

可以利用拖动调整已插入零件的位置。

（1）单击"配合"按钮，选择机架的一个端面。再选择轴比较短的那一段的端面，使其"重合"。选择轴面与机架孔壁使其"同轴"，调整前后的相对位置如图 3.47 和图 3.48 所示。

图 3.47 调整前的相对位置

图 3.48　调整后的相对位置

（2）重复操作，使另一轴与机架配合完全，然后选中两轴的轴面，在左侧栏单击距离输入带传动的中心距 $a=395$。单击绿色"√"（还是在配合过程中）按钮，如图 3.49 所示。

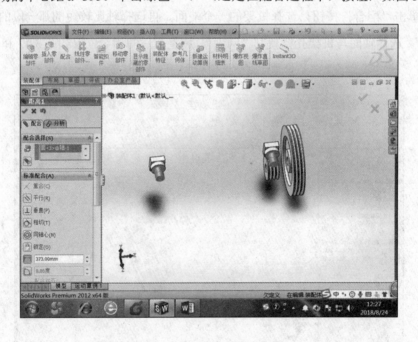

图 3.49　输入带传动的中心距

（3）用同样的方法完成带轮的装配，调整相对位置和完成配合，分别如图 3.50 和图 3.51 所示。

图 3.50 调整相对位置

图 3.51 完成配合

3.4.6 在装配图中绘制 V 带

步骤如下。

（1）做草绘基面，操作时需要用到扫描工具。原理是首先做一个截面，然后设置路径，最后截面沿着此路径扫描生成三维图形，所以路径和截面的关系是垂直关系。为了实现此要求，需要设置一个垂直路径的草绘截面的基准面。

- 在装配图中选择"参考几何体"→"基准轴"选项，然后选择小带轮的轴面。单击绿色"√"按钮，生成基准轴 1，如图 3.52 所示。

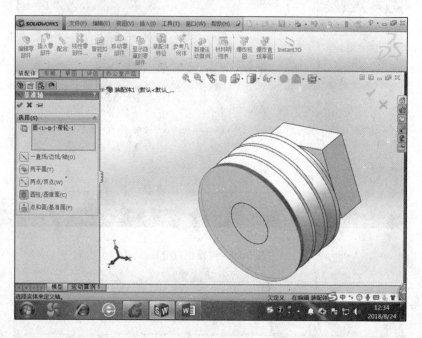

图 3.52　生成基准轴 1

- 用同样的方式生成基准轴 2，如图 3.53 所示。

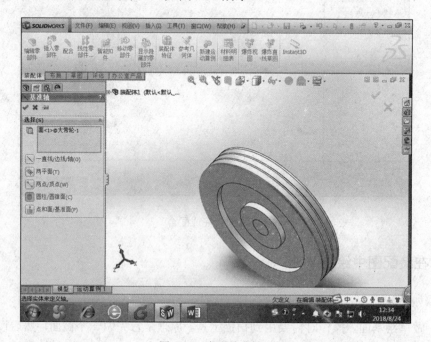

图 3.53　生成基准轴 2

- 选择"参考几何体"→"基准面"选项，在"第一参考"组中选择"基准轴 1"，在"第二参考"组中选择"基准轴 2"。然后单击绿色"√"按钮，这样就绘制了截面的草绘基准面，如图 3.54 所示。

图 3.54　绘制截面的草绘基准面

（2）选择"插入零部件"→"插入新零件"（如果出现错误，则单击"取消"按钮，然后单击"确定"按钮）选项，插入新零件，如图 3.55 所示。

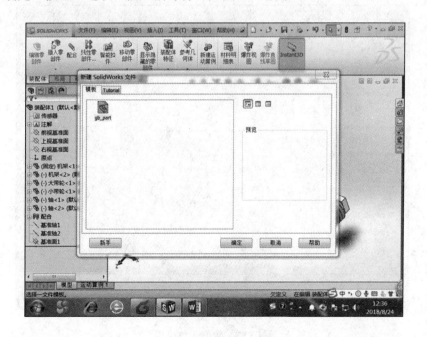

图 3.55　插入新零件

（3）单击"确定"按钮，进入编辑零部件工作模式，如图3.56所示。

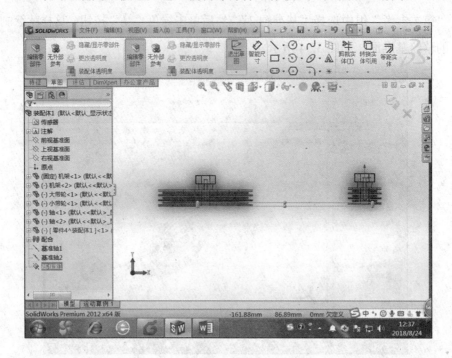

图3.56　编辑零部件工作模式

（4）按住"Ctrl"键选中小带轮的两边，单击"转换实体引用"按钮，使选中的直线可以引用为草绘线段，如图3.57所示。

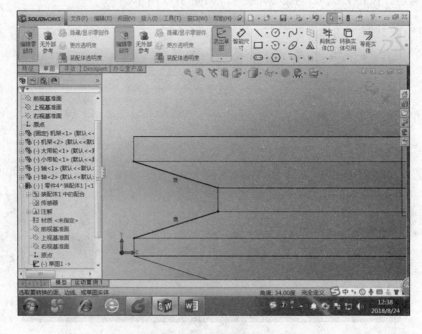

图3.57　转换实体引用

（5）用直线连接实体转换线，如图 3.58 所示。

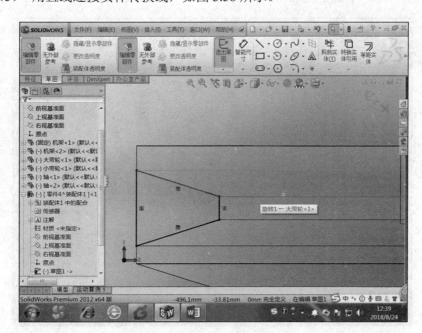

图 3.58　用直线连接实体转换线

（6）移动梯形中非转换实体的两根线（长的为下底，短的为上底），上底的位置稍微移出，保证不与槽发生接触；下底移出并确保皮带阵列后，相邻两根皮带发生干涉（线条移动前删除几何关系），如图 3.59 所示。

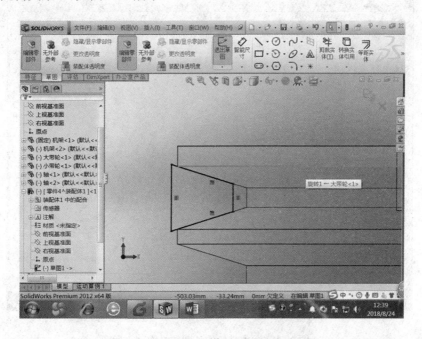

图 3.59　移动梯形中非转换实体的两根线

（7）退出草图（切记不能退出"编辑零部件"工作模式），如图 3.60 所示。

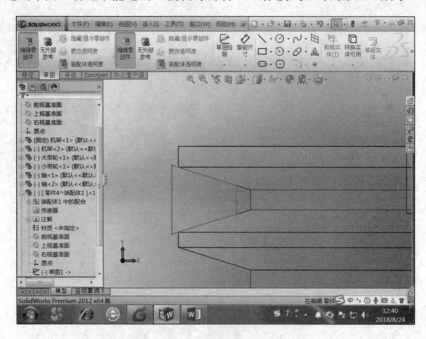

图 3.60　退出草图

（8）选择大带轮与机架装配的端面，插入草图。单击鼠标右键，在弹出的快捷菜单中选择"正视于"选项，单击线架图，把大小带轮的外圆转换为实体引用，如图 3.61 所示。

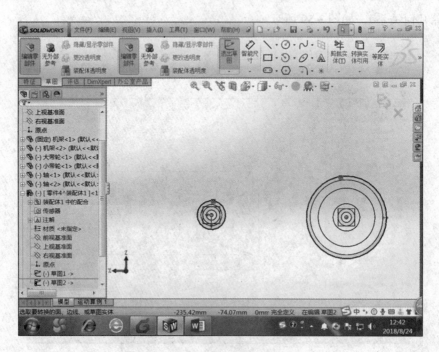

图 3.61　大小带轮的外圆转换实体引用

（9）画两条直线，如图 3.62 所示。

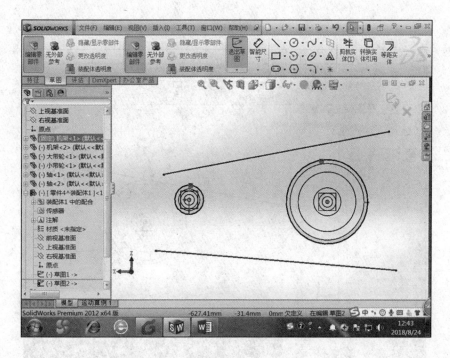

图 3.62　绘制带轮轮廓线

（10）使两条直线和外圆相切，如图 3.63 所示。

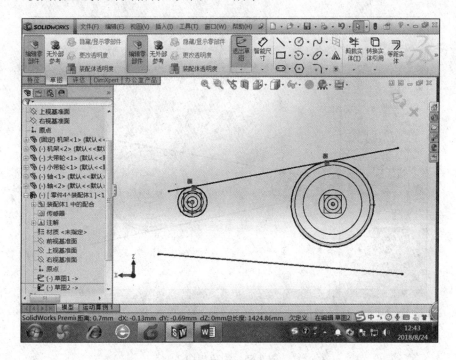

图 3.63　约束相切 1

（11）约束直线，使其与外圆相切（选中直线与圆，约束相切），如图 3.64 和图 3.65 所示。

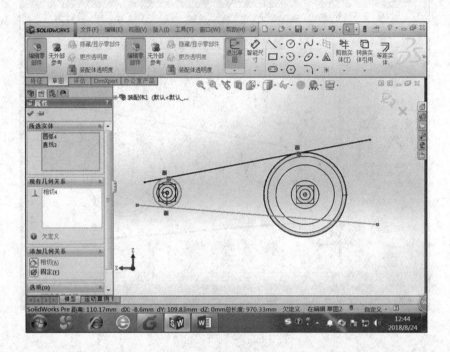

图 3.64　调整约束相切

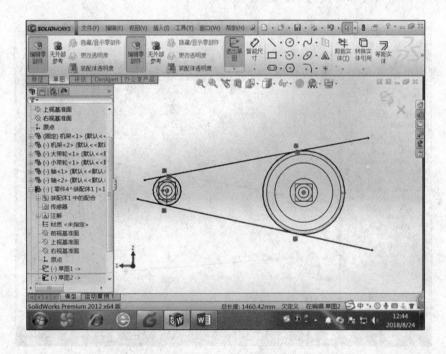

图 3.65　约束相切 2

（12）单击"剪裁实体"按钮，把多余的直线和圆弧剪掉。形成的扫描路径为一条闭合曲线，如图 3.66 所示。

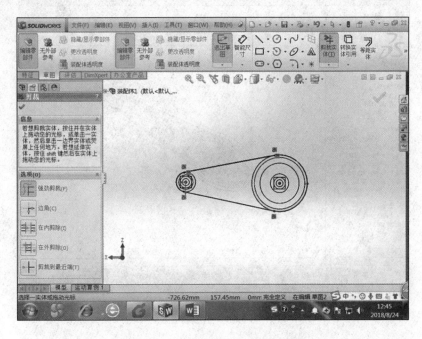

图 3.66　剪裁多余线条形成封闭图形

（13）退出草图，单击"特征"按钮，单击"扫描"按钮，在"轮廓和路径"组中选择"草图 2"选项。单击绿色"√"按钮，扫描预览如图 3.67 所示。

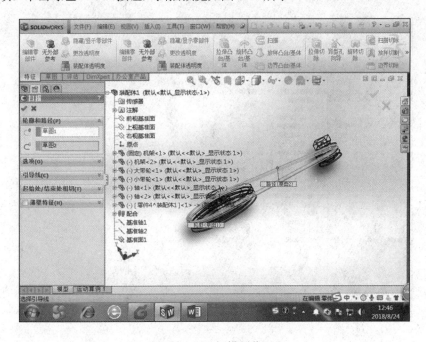

图 3.67　扫描预览

（14）生成特征如图 3.68 所示。

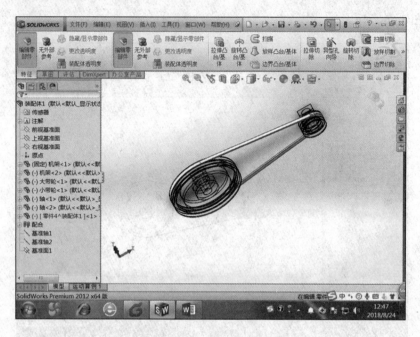

图 3.68　生成特征

（15）编辑"零部件"，通过阵列来填充其余 V 带。

（16）生成皮带以后就可以单击"编辑零部件"按钮退出新零部件的编辑模式。在"装配体"选项卡中选择"线性零件"→"线性阵列"选项，预览特征阵列结果如图 3.69 所示。

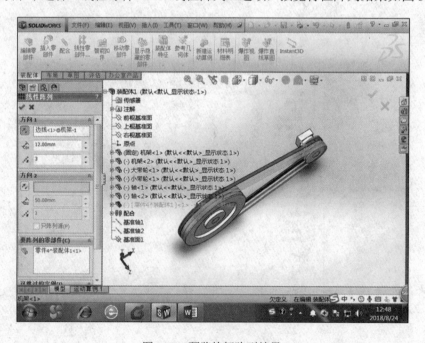

图 3.69　预览特征阵列结果

（16）在"线性阵列"中选择和皮带阵列方向相同的机架边线方向 D_1=e=12，个数为 3。单击绿色"√"按钮，生成三维图，如图 3.70 所示。

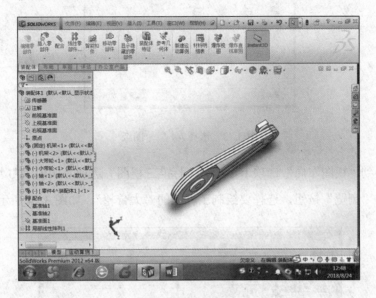

图 3.70　生成三维图

3.5　三维设计图到工程图的转换

根据带传动的三维设计图，可以直接转换成工程制图，也可以通过 AutoCAD 软件绘制各零件的工程零件图。

3.5.1　大带轮零件图

（1）打开 SolidWoks 2012，选择"文件"→"新建"选项，在打开的对话框中单击"工程图"图标，单击"高级"按钮，选择适合尺寸的图纸型号（选择国标 A4），如图 3.71 和图 3.72 所示。

图 3.71　工程图生成选项

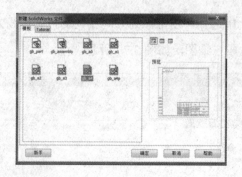

图 3.72　选择 A4 型号图纸

（2）切换到"视图布局"选项卡，选择"标准三视图"选项，如图 3.73 所示。单击左侧工具栏中的"浏览"按钮，选择要绘制工程图的"大带轮"，如图 3.74 所示。

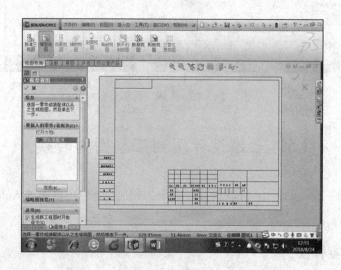

图 3.73　生成图纸

图 3.74　选择要绘制工程图的"大带轮"

（3）单击要绘制工程图的"大带轮"，自动生成标准三视图的工程图（可以拖动上面的视图调节位置），如图 3.75 所示。

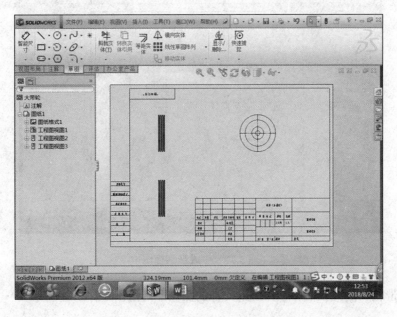

图 3.75　标准大带轮三视图的工程图

（4）在"视图布局"选项卡中选择"剖面视图"选项绘制剖面图，如图 3.76 所示。切换到"注解"选项卡，在"尺寸辅助工具"列表中选择"智能尺寸标注"选项进行尺寸标注等操作，生成带剖视图如图 3.77 所示。

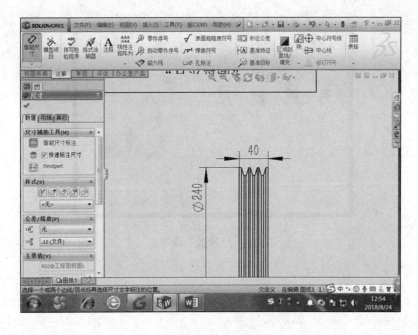

图 3.76　绘制剖面图

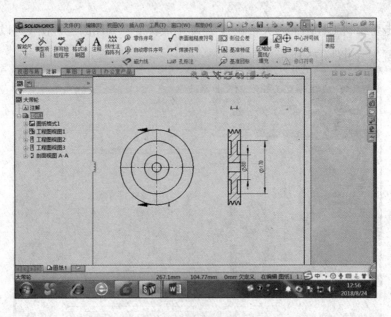

图 3.77　生成带剖视图

（5）小带轮、机架和轴等零件运用同样的操作即可绘出零件工程图。

3.5.2　装配体工程图

步骤如下。

（1）打开 SolidWorks 2012，选择"文件"→"新建"选项，在打开的对话框中切换到"模板"选项卡，单击"高级"按钮，选择图纸型号为"A4"，如图 3.78 和图 3.79 所示。

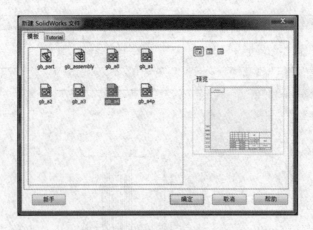

图 3.78　"模板"选项卡

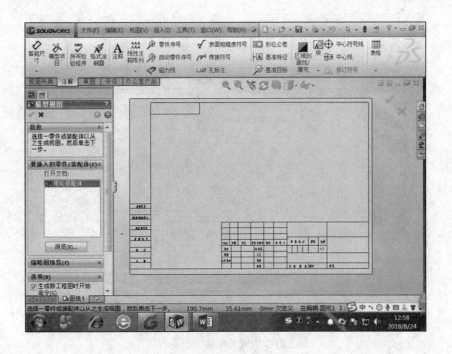

图 3.79　生成的工程图

（2）选择"视图布局"为"模型视图"，单击"浏览"按钮，打开要绘制工程图的装配体，如图 3.80 所示。

图 3.80　打开要绘制工程图的装配体

（3）拖动装配体到图纸中可以生成装配体工程三视图，如图 3.81 所示。

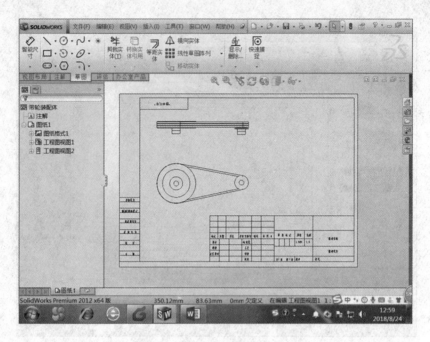

图 3.81　生成装配体工程三视图

（4）运用"智能尺寸"对工程图进行必要的标注，选择"插入"→"表格"→"插入材料明细表"选项，插入材料明细表，如图 3.82 所示。

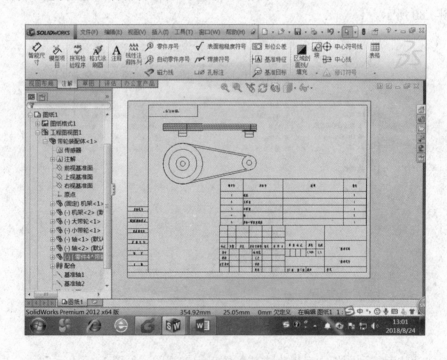

图 3.82　插入材料明细表

（5）运用"注解"选项卡添加技术要求和技术特性说明，装配体工程图绘制完成。

第 4 章 综合性实践

综合性实践是指实验内容涉及本课程的综合知识或与本课程相关课程知识的实验，本章内容包括凸轮轮廓检测、机构系统动力学调速、机械运动学和动力学参数测试，以及液体动压滑动轴承油膜压力与摩擦分析和轴系结构组合设计。

4.1 凸轮轮廓检测

4.1.1 实验目的

（1）掌握凸轮轮廓和从动件位移检测的原理与方法。

（2）了解凸轮转向的不同对从动件位移规律的影响。

4.1.2 实验设备和工具

（1）凸轮轮廓检测实验台。

（2）盘形凸轮若干个。

（3）配备两种顶尖（尖顶和滚子）。

（4）纸和笔（学生自备）。

4.1.3 实验原理和方法

对于直动从动件盘形凸轮机构，凸轮转角位置由高精度分度盘确定，从动件的直线位置由与推杆相连的数显百分表确定。为便于手动驱使凸轮旋转并能停于任意位置，增设一个具有自锁性质的蜗杆蜗轮机构。其中蜗轮与凸轮固连为一体，蜗杆轴上装有一手柄，通过手柄的转动即可实现对凸轮的驱动。

当通过测量获得偏置距离 e、滚子半径 r_T 和凸轮轮廓最小半径 $r_{\min}$ 后，如果分别测出凸轮机构一个运动周期内凸轮转角与从动件位置的对应关系，即可确定从动件位移规律和理论轮廓的极坐标，然后利用滚子半径值获得凸轮的实际轮廓。

4.1.4 凸轮轮廓检测台

（一）总体结构

如图 4.1 所示，该实验台主要由铸铁平板通过 4 个螺栓固定在机柜内的底座上。分度传动部件通过导向平键可在铸铁平板上的长槽内移动（可根据被测凸轮的基圆半径的改变而调整），并通过定位螺母固定。测量部件通过螺栓固定在铸铁平板上，可沿被测凸轮的厚度方向做适当调整。分度表列出按等分和角度分度的参数。

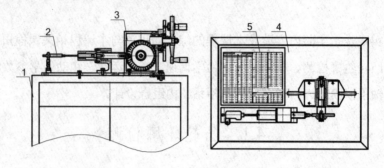

1—机柜；2—测量部件；3—分度传动部件；4—铸铁平板；5—分度表

图 4.1　总体结构

（二）分度传动部件的主要结构

分度传动部件的结构如图 4.2 所示，通过固定在壳体上的底板中的两个定位键紧靠在图 4.1 所示的铸铁平板刻度盘中长槽内的一个侧面，以保证传动轴 2 的轴线与图 4.1 所示的测量部件的轴线垂直。分度板通过螺钉固定在壳体上，其两面均分布有不同孔数的同心圆圈，一面的各圈孔数分别为 46、47、49、51、53；另一面的各圈孔数分别为 54、57、58、59、62、66，可根据分度的需要两面使用。

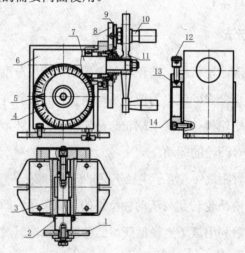

1—凸轮；2—传动轴；3—蜗轮；4—刻度盘；5—指针；6—壳体；7—蜗杆；8—分度板；
9—计孔叉；10—手柄销；11—手柄；12—刹紧螺杆；13—刹紧片；14—刹紧轮

图 4.2　分度传动部件的结构

凡是凸轮等分的等份数能分解成符合分度板上所具有的孔数时均可进行分度，拔出手柄销，旋转手柄使蜗杆和蜗轮一起旋转。蜗杆为单线螺纹，蜗轮为 40 个齿。手柄旋转一圈，蜗轮仅转过一个齿，即传动轴转过 1/40 圈。由此可知，如果要分成 40 等份，每等份 1 次，手柄只要旋转一整圈即可。

例如，要分成 30 等份，每等份一次，手柄该旋转多少圈？

可写成算式 $\dfrac{40}{1} \times \dfrac{1}{30} = \dfrac{40}{30} = 1\dfrac{1}{3}$，即手柄转过一整圈后，还应转过 $\dfrac{1}{3}$ 圈。可利用分度板上所具有的孔数进行精确定位，如 $1\dfrac{1}{3}$ 可扩大为 $1\dfrac{17}{51}$。也就是说，要分成 30 等份，手柄应转过一整圈后再在每圈为 51 个孔的分度板上继续转过 17 个孔。为了省却每次计孔的麻烦，可把计孔叉张开调整后固定在 17 个孔距（如包括手柄销本身 1 个孔在内应为 18 个孔）的范围内。之后即可进行分度。

综上所述，分度可写成计算式：

$$n = \frac{N}{z} = \frac{40}{z}$$

(4-1)

式中：n 为每等分一次分度手柄应转过的孔数；

　　　N 为分度定数（$N=40$）；

　　　z 为圆周等份数。

传动轴和刹紧轮通过键与蜗轮连接，每分度一次后通过旋转刹紧螺杆上的手柄，利用刹紧片与刹紧轮的摩擦锁紧传动轴。

具体操作方法是根据提供的分度表查出每等分一次分度手柄应转过的孔数，或者根据计算式计算。将计孔叉张开调整后固定所需要的孔距，拔出手柄销并转动 90°。旋转手柄到需要的孔数，再将手柄销插入分度板上相应的孔中。若在分度过程中旋转超出了每等分一次分度手柄应转过的孔数，则需将手柄反向旋转半圈以上（以便消除蜗杆传动的间隙）后，方可重新计数。旋转刹紧螺杆上的手柄，锁紧传动轴。

（三）测量部件的主要结构

如图 4.3 所示，在力的作用下方滑轴在支架中滑动，有效工作行程为 40 mm。

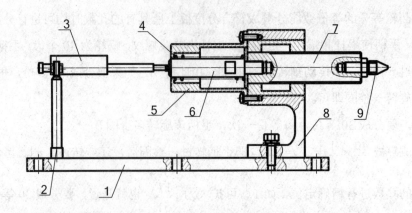

1—底板；2—表架；3—数显百分表；4—回位弹簧；
5—弹簧套；6—导柱；7—方滑轴；8—支架；9—从动件
图 4.3 测量部件的主要结构

支架通过螺栓固定在底板上，其前端装有从动件。可根据需要更换不同类型的从动件，本实验台提供的从动件类型如图 4.4 所示。

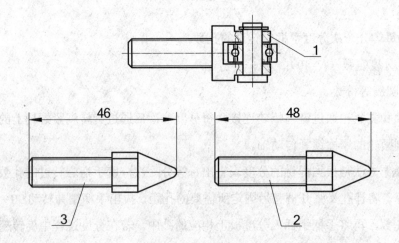

1—滚子从动件；2—尖端从动件；3—尖端从动件（轴承钢）
图 4.4 从动件类型

在其后端装有导柱，在导柱上套有回位弹簧，其作用是在工作过程中从动件紧压在凸轮表面廓线。数显百分表通过螺钉固定在表架上，并通过表架上的连接件与底板固定，通过数显百分表的测量头与导柱尾部接触可准确测量出从动件的位移。

4.1.5　实验步骤和要求

（1）选择一种凸轮，测量其轮廓最小半径。然后将其安装于凸轮轮廓检测仪的凸轮轴上，并紧固，选择一种顶尖装于杆上。

（2）转动蜗杆轴上的手柄，观察分度盘上凸轮转角和从动件位置的数据变化。当凸轮转至推程开始位置时，将此机构位置作为凸轮转角和从动件位置的零位。

（3）从零位开始，顺时针转动手柄并观察凸轮转向。每隔一定角度手工记录一次凸轮转角值和对应的从动件位置值，直至再次回到零位。

（4）根据测量数据自动绘制从动件位移线图（也可手工绘制）确定推程运动角、远休止角、回程运动角和近休止角，并分析是否存在刚性或柔性冲击。

（5）绘制凸轮理论轮廓图和实际轮廓图，在其上标出推程运动角、远休止角、回程运动角和近休止角。

（6）从零位开始，逆时针转动手柄并观察凸轮转向，重复步骤（4）～（6）。

（7）更换另一凸轮，重新执行上述各步操作。

4.1.6 思考题

（1）凸轮不同转向时测得的从动件位移规律是否相同？

（2）测量凸轮轮廓时，凸轮不同转向是否会影响所得的凸轮轮廓形状？

（3）常见的凸轮机构从动件运动规律有哪些？

（4）常见的凸轮类型有哪些？

4.1.7 实验报告

实验报告应包括实验目的、实验原理、实验步骤和所用元件，实验完成后，按凸轮顺时针转动和逆时针转动分别填写表 4.1 中的内容。

根据测量数据自动绘制从动件位移线图（也可手工绘制），确定凸轮推程运动角、远休止角、回程运动角和近休止角，并分析是否存在刚性或柔性冲击。绘制凸轮理论轮廓图和实际轮廓图，在其上标出推程运动角、远休止角、回程运动角和近休止角。

表 4.1 凸轮轮廓检测实验数据

凸轮编号		偏距 $e=$ mm		滚子半径 $R_r=$ mm		轮廓最小半径 $R_{min}=$ mm		
凸轮转角和从动件位置数据记录（凸轮转向：）								
φ（°）								
s（mm）								
φ（°）								

凸轮编号		偏距 $e=$ mm	滚子半径 $R_f=$ mm	轮廓最小半径 $R_{min}=$ mm

凸轮转角和从动件位置数据记录（凸轮转向：）

s（mm）									
φ（°）									
s（mm）									
φ（°）									
s（mm）									

4.2 机构系统动力学调速

4.2.1 实验目的

（1）通过机械系统的动力学调速实验观察机械的周期性速度波动现象，并掌握利用飞轮进行速度波动调节的原理和方法。

（2）通过利用传感器和计算机等先进的实验技术手段进行实验操作，训练掌握现代化的实验测试手段和方法，增强工程实践能力。

（3）通过实验结果与理论数据的比较分析误差产生的原因，增强工程意识，树立正确的设计理念。

4.2.2 实验设备

（一）实验设备原理简介

JTS-A 机构系统动力学调速实验台如图 4.5 所示，主要由速度不均匀机械系统、传感器和测控装置 3 部分构成，其中速度不均匀机械系统主要由电动机、V 带、曲柄滑块机构和弹簧加载装置组成。在工作行程内，由于滑块压缩弹簧做功，所以将系统的部分机械能转化为弹簧的势能，模拟工作阻力，使其运转速度降低。在回程中被压缩弹簧的变形得以恢复，于是系统便通过滑块又获得弹簧所释放出的能量，从而使运转速度升高。由此，系统表现出周期性的速度波动现象；光电传感器拾取光栅的转动信息并将其转变成电信号，通过测控装置中的工控机进行数据采集与处理，然后显示在屏幕上。

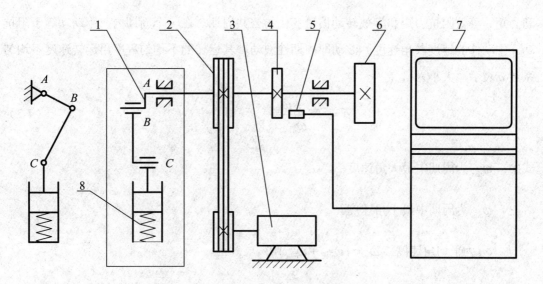

1—曲柄滑块机构；2—V 带；3—电动机；4—光栅；5—光电传感器；

6—飞轮；7—测控装置；8—弹簧加载装置

图 4.5　JTS-A 机构系统动力学调速实验台

（二）基本参数

被测机械系统简图（机构为曲柄滑块机构）如图 4.6 所示。

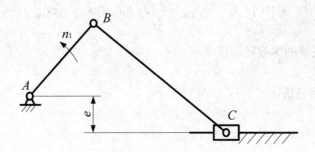

各杆件的长度：曲柄 l_{AB}=50 mm，连杆 l_{BC}=160 mm，曲柄转速 n_1=1325 r/min

图 4.6　被测机械系统简图

已知生产阻力为拉伸弹簧，其拉伸阻力为当拉伸长度为 5 mm 时，拉伸阻力为 0 kg；
当拉伸长度为 10 mm 时，拉伸阻力为 5 kg；当拉伸长度为 15 mm，拉伸阻力为 15 kg。

4.2.3　实验原理和方法

（一）实验原理

作用在机械上的驱动力矩和阻抗力矩是主动件转角 ϕ 的周期性函数，其周期为等效驱动力矩、等效阻抗力矩和等效转动惯量变化的公共周期。在一个周期内，驱动功等于阻抗功。主动件的速度（角速度）波动即周期性波动，其运转的不均匀程度用运转速度不均匀系数 δ 表示，大小为：

$$\delta = \frac{\omega_{max} - \omega_{min}}{\omega_m} \tag{4-2}$$

式中：ω_{max} 为周期中最大角速度。

ω_{min} 为周期中最小角速度。

ω_m 为平均角速度，$\omega_m = (\omega_{max} + \omega_{min})/2$。

所谓机器运转周期性速度波动的调节，目的就在于减小速度波动使其达到机器工作所允许的程度。或者说减小机器运转速度不均匀系数 δ，使其不超过许用值 $[\delta]$。

周期性速度波动的调节方法是在机器中安装一个具有很大转动惯量的构件，即飞轮，其调速原理简述如下。

在一个周期中最大动能 E_{max} 与最小动能 E_{min} 之差称为"最大盈亏功"，以 $[W]$ 表示，即：

$$[W] = E_{max} - E_{min} = \frac{1}{2}(J_0 + J_F)(\omega_{max}^2 - \omega_{min}^2) \tag{4-3}$$

式中：J_0 为机械系统的等效转动惯量；

J_F 为飞轮转动惯量；

速度不均匀系数 δ 为：

$$\delta = \frac{[\omega]}{\omega_m^2 (J_0 + J_F)}$$

在机器的等效力矩已给的情况下，最大盈亏功是一个确定值。由上式可知欲减小 $\omega_{max} - \omega_{min}$ 值，可增大等效转动惯量 J_0 或增大 ω_m。机器做好后 J_0 是一个确定值，故在机器中外加一个转动惯量为 J_F 的飞轮即可减小 $\omega_{max} - \omega_{min}$，达到调速的目的。

（二）实验方法

（1）仿真机构的真实运动规律画出曲柄等效驱动力矩曲线图、等效主力矩曲线图、角速度曲线图和角加速度曲线图，计算速度波动调节，得出最大盈亏功 $[W]$ 和速度不均匀系数

δ 值。

（2）通过曲柄上的角位移传感器和 A/D 转换器进行数据采集、转换和处理，由计算机显示出实测的曲柄角速度曲线图和角加速度曲线图。与理论角速度曲线图和角加速度曲线图分析比较，了解速度波动对曲柄运动的影响。

（3）将大飞轮装在曲轴上，测试系统运转的速度不均匀性。

（4）将小飞轮装在曲轴上，测试系统运转的速度不均匀性。

（5）对不装飞轮与安装大小飞轮的系统运转的速度不均匀性进行前后比较。

4.2.4　实验步骤

（1）打开计算机，单击"速度波动调节"图标。进入速度波动调节实验台软件系统的界面，单击进入曲柄滑块机构原始参数输入界面。

（2）启动实验台的电动机，待曲柄滑块机构运转平稳后测定电动机的功率，并输入参数输入界面的对应参数框内。

（3）在曲柄滑块机构原始参数输入界面左下方，单击"进入实验"按钮，进入曲柄滑块机构的曲柄运动仿真与测试分析界面。

（4）单击"等效力矩"按钮，该按钮变为"速度仿真"按钮，动态显示曲柄滑块机构实时位置和曲柄动态的等效驱动力矩与等效主力矩线图。单击"速度仿真"按钮，该按钮变为"等效力矩"按钮，动态显示曲柄滑块机构实时位置和曲柄动态的角速度与角加速度曲线图。单击"速度实测"按钮，进行数据采集和传输，显示曲柄实测的角速度和角加速度曲线图。

（5）打印（记录）仿真等效驱动力矩线图、等效主力矩曲线图、角速度曲线图、角加速度曲线图、实测的角速度曲线图和角加速度曲线图。

（6）切断实验装置电源，在曲柄轴上加上大飞轮，重复以上测试工作。

（7）切断实验装置电源，将大飞轮卸下加上小飞轮，重复以上测试工作。

4.2.5　思考题

（1）分析大飞轮与小飞轮调速后对传动平稳性的影响，哪一种好？为什么？

（2）飞轮调速的方法适用于哪类机械？

（3）机械产生周期性速度波动的实质是什么？

4.2.6　实验报告

实验报告应包括实验目的、主要仪器仪表名称、规格型号、实验装置原理框图、被测对象名称及其原始数据、检测项目、主要实验操作步骤、实验数据记录及其结果（以表格及线图形式表达），以及实验结果分析（如误差产生原因分析等），并完成指导教师布置的思考题。

4.3 机械运动学与动力学参数测试

4.3.1 实验目的

（1）掌握机构的位移、速度和加速度等运动学参数测试的基本原理与方法。

（2）了解机构动平衡的原理及方法。

（3）使学生深入了解机构几何参数对机构运动及动力性能的影响，从而对机构运动学和动力学（机构平衡、机构真实运动规律和速度波动调节等）有一个完整的认识。

（4）了解各运动学参数测试传感器的基本原理和方法。

4.3.2 实验台的组成

本实验是在基础平面机构实验台上进行的，主要针对几种典型基本机构的设计，以及运动学和动力学分析，实验内容包括实物机构简单拼装、设计与运动测试，以及计算机模拟和机构运动平衡等。

（一）曲柄（导杆）摇杆机构运动分析实验台

如图 4.7 所示的曲柄（导杆）摇杆机构运动分析实验台由驱动部分、曲柄（导杆）摇杆机构、平衡机构及测试系统等几部分组成，其尺寸可调。曲柄（导杆）摇杆机构的底板在水平方向与机架构成弹性系统，通过对水平方向振动变化的测试可了解机构惯性力对机架振动的影响。

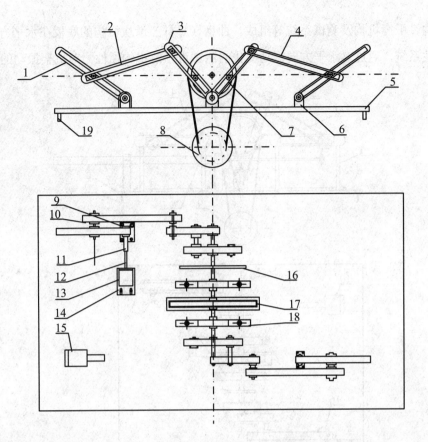

1—摇杆组件；2—连杆；3—导杆；4—完全平衡构件；5—安装底板；6—摇杆支座；7—曲柄；
8—驱动电动机；9—导杆销组件；10—连杆销组件；11—传感器连接轴；12—弹性连接管；
13—光栅角位移传感器；14—传感器支座；15—角加速度传感器；16—光电盘；
17—皮带轮；18—轴承座；19—弹簧（阻尼）

图 4.7　曲柄（导杆）摇杆机构运动分析实验台

各构件长度可调范围如下。

曲柄：20～60 mm；导杆：0～50 mm；连杆：0～220 mm；摇杆：0～150 mm。

如图 4.7 所示，安装底板支撑于弹簧上。4 个弹簧与机柜连接，其上装有摇杆组件、完全平衡构件、曲柄、皮带轮、轴承座、光栅角位移传感器和角加速度传感器等。驱动电动机装于安装底板上，导杆通过导杆销组件与主传动件上的曲柄连接，一端套在曲柄的支座上导杆销内；另一端则通过连杆销组件与连杆相连接。连杆的另一端通过连杆销组件与摇杆组件上的摇杆连接，摇杆组件上同时连接光栅角位移传感器。安装底板通过阻尼装置弹簧与机柜内的底座相连接。

（二）曲柄（导杆）滑块机构运动分析实验台

如图 4.8 所示的曲柄（导杆）滑块机构运动分析综合实验台由驱动部分、曲柄（导杆）

滑块机构、平衡机构及测试系统等组成。曲柄（导杆）滑块机构的底板在水平方向与机架构成弹性系统，通过对水平方向振动变化的测试可了解机构惯性力对机架振动的影响。

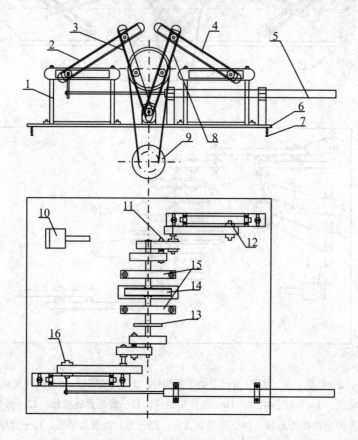

1—滑块支座；2—连杆；3—导杆；4—完全平衡构件；5—线位移传感器；6—安装底板；

7—压簧；8—主传动构件（曲柄）；9—驱动电动机；10—加速度传感器；

11—导轴组件；12—滑块组件；13—光电盘；14—皮带轮；15—支座；16—连杆销组件

图 4.8　曲柄（导杆）滑块机构运动分析综合实验台

各构件长度可调范围如下。

曲柄：0～60 mm；导杆：0～150 mm；连杆：0～220 mm；偏心距：0～10 mm。

曲柄（导杆）滑块机构运动分析实验台的安装底板支撑于压簧上，压簧为振动源。电动机运行过程中滑块来回运动产生横向振动，4 个压簧与机柜相连接。底板上装有滑块支座、连杆、导杆、完全平衡构件、线位移传感器、主传动构件（曲柄）、加速度传感器和光电盘等构件。驱动电动机装于底部，导杆通过导轴组件与主传动构件（曲柄）上的曲柄连接，一端套在主传动构件（曲柄）的支座上导杆销内；另一端则通过连杆销组件与连杆相连接。连杆的另一端通过滑块组件与滑块支座上的滑槽连接，滑块组件上同时连接着线位移传感器，安装底板通过压簧与机柜连接。

（三）凸轮机构运动分析实验台

如图 4.9 所示的凸轮机构运动分析实验台由驱动部分、凸轮机构（盘形凸轮和圆柱凸轮）及测试系统等几部分组成，其中盘形凸轮 8 种，运动规律为等速运动、等加速/等减速运动、多项式运动、余弦运动、正弦运动、改进等速运动、改进正弦运动及改进梯形运动；圆柱凸轮 1 种，运动规律为等加速/等减速运动。

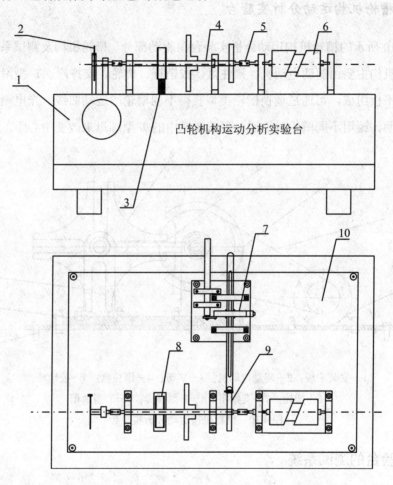

1—机架；2—光电传感器；3— O-600 三角带；4—主传动构件；5—连接套；6—圆柱凸轮构件；
7—从动件组件；8—驱动源；9—平面凸轮；10—安装底板

图 4.9　凸轮机构运动分析实验台

有关构件尺寸参数如下。

（1）盘形凸轮：基圆半径为 $R_0=40$ mm，最大升程为 $H_{max}=15$ mm。

（2）圆柱凸轮：升程角为 $\alpha=15°$，最大升程为 $H=38.5$ mm。

凸轮机构运动分析实验台根据需要可以拼装成平面凸轮运动分析实验台和圆柱凸轮机构运动分析实验台，它主要由安装底板通过 4 个减振块固定在机架内的底座上。驱动源装于机架的内部通过 O-600 三角带将动力传输给主传动构件，主传动构件通过构件的 2 个轴承座固定在安装底板上。其上的传动轴左端装有光电传感器的光电盘，右端装有平面凸轮，通过连接套将动力传输给圆柱凸轮构件。从动件组件上的推杆在弹簧力的作用下始终压在平面凸轮的轮廓线上，即锁合方式为利用弹簧力使从动件与凸轮始终保持接触。从动件类型有尖端与滚子两种。

（四）槽轮机构运动分析实验台

如图 4.10 所示的槽轮机构运动分析实验台由驱动部分、槽轮机构及测试系统等几部分组成，槽轮机构主要由驱动电动机、锁住盘、拔销杆、槽轮、支撑座、T 型滑槽、光电测速器和安装平板组成，可通过调换槽轮类型获得不同槽轮的运动曲线。光电测速器安装在示意图的背面，改用不同槽轮时需通过调节滑槽中的 T 型螺母来改变中心距。

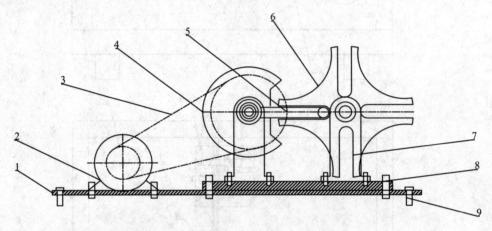

1—安装平板；2—驱动电动机；3—V 带；4—锁住盘；5—拔销杆；

6—槽轮；7—支撑座；8—T 型螺母；9—T 型滑槽

图 4.10　槽轮机构运动分析实验台

4.3.3　实验台的测试系统

（一）数字量运动参数测试的数学模型

（1）直线运动构件运动参数测试的数学模型。

- 速度：$v_i = \dfrac{\Delta s_i}{\Delta t_i}$。

- 加速度：$a_i = \dfrac{\Delta v_i}{\Delta t_i}$。

- 位移：$s_i = v_i \Delta t_i$ 和 $s = \sum_{i=1}^{n} s_i$。

（2）回转运动构件运动参数测试的数学模型。

- 角速度：$\omega_i = \dfrac{\Delta\theta_i}{\Delta t_i}$。

- 角加速度：$\varepsilon_i = \dfrac{\Delta\omega_i}{\Delta t_i}$。

- 角位移：$\theta_i = \omega_i\Delta t_i$ 和 $\theta = \sum\limits_{i=1}^{n}\theta_i$。

（二）实验台检测原理及软件操作

实验台采用单片机与 A/D 转换集成相结合的形式进行数据采集、处理分析及实验与 PC 的通信，达到适时显示运动曲线的目的。该测试系统技术先进、测试稳定且抗干扰性强，并且采用光电传感器、位移传感器和加速度传感器作为信号采集手段，具有较高的检测精度。

数据通过传感器与数据采集分析箱将机构的运动数据通过计算机串口送到 PC 内进行处理，形成运动构件运动的实测曲线，为机构设计提供手段和检测方法。其检测原理框图如图 4.11 所示。

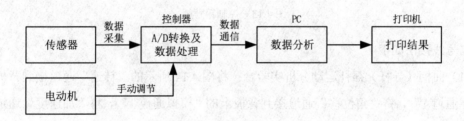

图 4.11　实验台的检测原理框图

控制箱面板示意图如图 4.12 所示。

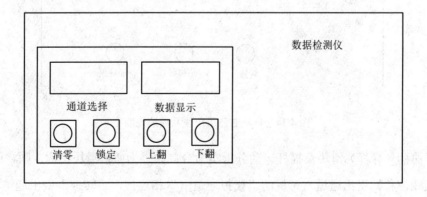

图 4.12　控制箱面板示意图

（1）数据显示区：最左边为数据显示区，该区可读取系统相关检测参数。

（2）清零：将当前显示数据置零。

（3）锁定：将当前各检测通道的数据当前值锁定，检测系统停止工作。

（4）上翻和下翻：选择通道序号。

（5）通道选择：显示定义的数值序号或检测通道。

（6）数据显示：显示对应的某个数值序号或检测通道的值。

控制箱背板如图 4.13 所示。

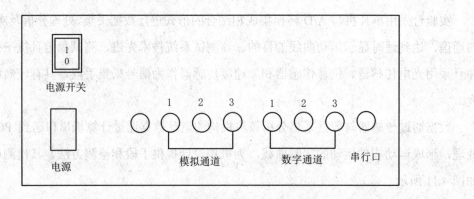

图 4.13　控制箱背板

信号线接法如下。

（1）曲柄（导杆）摇杆运动分析实验台：将图 4.14 所示的"转速"通道接到背板上的"数字通道 1"，将"角位移"通道接到背板上的"模拟通道 1"，将"加速度"通道接到背板上的"模拟通道 3"。机柜右侧引出线及调速说明如图 4.14 所示。

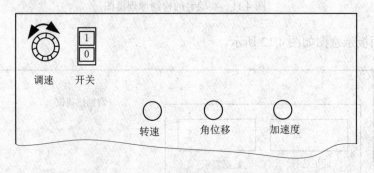

图 4.14　机柜右侧引出线及调速说明 1

（2）曲柄（导杆）滑块及摇杆运动分析实验台：如果为曲柄滑块机构，则将图 4.15 所示的"直线位移"引出通道与背板的"模拟通道 1"相连接，"转速"引出通道与背板的"数字通道 1"相连接，"加速度"引出通道与"模拟通道 3"相连接；如果为曲柄摇杆机构，则将"角位移"引出通道与背板上的"模拟通道 2"相连接，其余两个位置不变。机柜右侧引出线及调速说明如图 4.15 所示。

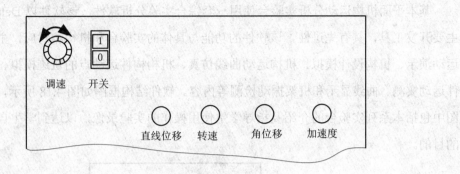

图 4.15　机柜右侧引出线及调速说明 2

（3）凸轮运动分析综合实验台：凸轮实验台只有两个通道，将图 4.16 所示的"直线位移"引出通道与背板上的"模拟通道 1"相连接，"转速"引出通道与背板上的"数字通道 1"相连接。机柜右侧引出线及调速说明如图 4.16 所示。

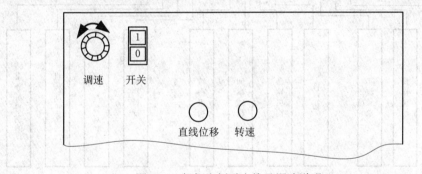

图 4.16　机柜右侧引出线及调速说明 3

（4）槽轮机构运动分析实验台：如果需要测试拨杆的运动，则将图 4.17 所示的"主动件"通道上的黑线与控制盒背板上的"数字通道 1"相连接，将"从动件"放置一旁；如果需要测试槽轮运动，则将图中的"从动件"通道上的黑线与控制盒背板上的"数字通道 1"相连接，"主动件"放置一旁。机柜右侧引出线及调速说明如图 4.17 所示。

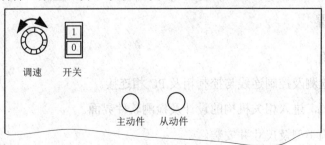

图 4.17　机柜右侧引出线及调速说明 4

调速器旋钮装在机柜的右侧，接好调速器电源后向上拨动电源开关，顺时针慢慢调节旋钮调节速度。

基本平面机构运动分析实验台使用一套综合实验分析软件，该软件以 Delphi 与 VB 为主要开发工具，具有先进性。该软件的功能与具体的实验台和机构相对应，主要包括机构运动演示、机构设计模拟、机构运动曲线仿真、机构构件运动点的轨迹模拟、机构主要构件运动实测、曲线显示和机架振动检测等内容。软件结构框图如图 4.18 所示，软件结构框图中包括本系列实验台的介绍及指导学生使用操作的实验录像，以达到学生自己动手操作的目的。

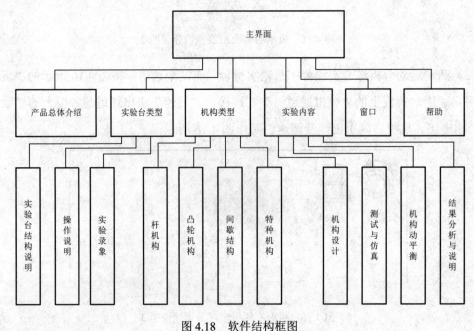

图 4.18 软件结构框图

4.3.4 注意事项

（1）未确定拼装机构能正常运行前一定不能开机。

（2）若机构在运行时出现松动或卡死等现象，请及时关闭电源并调整机构。

4.3.5 实验步骤

（1）选择机构。

（2）将机构检测及控制连线与控制箱及 PC 相连接。

（3）打开电源，进入相关机构的设计及检测软件界面。

（4）确定机构类型及尺寸并安装。

（5）在安装可靠的情况下调节控件，使机构平稳转动，检测构件实测曲线即得到相应的仿真曲线。

（6）进行机构平衡，进入"振动检测"界面。在未加和加装平衡机构及平衡块的条件下，观察机架机构振动曲线的幅值变化。

（7）在机构设计中，利用连杆运动平面轨迹可虚拟设计出实现预定要求的机构。例如，为连杆运动平面指定点，按要求调整机构尺寸，实现该点在某运动范围的直线运动。

（8）实验完毕打印结果。

（9）关闭计算机及实验台电源。

4.3.6　实验任务

机构的运动参数直接反映了机器的工作性能。机构的运动参数指位移、速度和加速度3 个参数。通过位移分析，可以确定机构的外廓和某些构件运动所需的空间，考察某构件位置的变化；通过速度分析，可以确定机构中从动件的速度变化规律；通过加速度分析，可以确定机构各构件及构件上某些点的加速度。了解机构加速度的变化规律是计算惯性力进行动力分析、考察机构动力平衡，以及防止振动和噪声的基础。

（一）曲柄（导杆）摇杆机构运动分析实验

（1）完成曲柄及摇杆的运动参数（角位移、角速度及角加速度）测试及仿真，对测试曲线及仿真曲线进行对比，分析两曲线间存在误差的主要因素。

（2）改变曲柄及连杆的尺寸，测试摇杆在不同构件尺寸下的运动参数，并对摇杆在不同构件尺寸下的运动参数进行分析得出影响摇杆运动的主要因素。

（3）机构平衡测试，分别完成在未加任何平衡装置、添加对称平衡机构和平衡块的情况下机构振动的测试，并对两种不同的平衡方式的平衡效果进行对比分析。

（二）曲柄（导杆）滑块机构运动分析实验

（1）完成曲柄及滑块的运动参数（线位移、线速度及线加速度）测试及仿真，对测试曲线及仿真曲线进行对比，分析两曲线间存在误差的主要因素。

（2）改变曲柄及连杆的尺寸，测试滑块在不同构件尺寸下的运动参数，并对滑块在不同构件尺寸下的运动参数进行分析，得出影响滑块运动的主要因素。

（3）机构平衡测试，分别完成在未加任何平衡装置、添加对称平衡机构和平衡块的情况下机构振动的测试，并对两种不同的平衡方式的平衡效果进行对比分析。

（三）凸轮机构运动分析实验

（1）完成至少两种凸轮的运动测试及仿真，并对测试运动规律与理论运动规律进行比较，分析存在误差的主要因素。

（2）完成一种槽轮的运动测试及仿真，并对测试运动规律与理论运动规律进行比较，分析存在误差的主要因素。

4.3.7　思考题

（1）常见的机械传动装置的性能参数有哪些？

（2）以某个机构为例说明机构构件的尺寸对构件运动参数的影响。

（3）除本实验中使用的运动参数测试传感器外，还至少列出两种其他类型的用于运动学参数测试的传感器。

（4）机构平衡的目的是什么？

（5）常见的平面机构平衡有哪些？各有什么优缺点？

（6）实验中平面机构是否平衡是通过什么手段进行测试的？

4.3.8　实验报告

实验报告应包括实验目的、实验原理、实验内容及涵盖的知识点、实验器材、实验步骤、实验数据、图表、计算，以及实验结果的分析。

4.4　液体动压滑动轴承油膜压力与摩擦分析

4.4.1　实验目的

通过在 HS-B 型实验台上对液体动压滑动轴承进行径向和轴向油膜压力分布及大小的测量和仿真，并对摩擦特性曲线进行测定及仿真，了解影响液体动压滑动轴承油膜建立及影响油膜大小各项因素之间的关系。

4.4.2　实验原理

利用轴承与轴颈配合面之间形成的楔形间隙，使轴颈在回转时将润滑油挤入摩擦面间形成楔形油压效应，建立起压力油膜，将两个摩擦面分离开来形成液体摩擦支撑外载荷。从而避免两个摩擦面的直接接触和磨损，这种轴承称为"液体动压滑动轴承"。

（一）动压油膜的形成

在一定的条件下，当各种条件协调时液体动压力能使轴中心与轴瓦中心产生一个偏距 e，最小油膜厚度 h 在轴颈与轴承中心的连线上。我们把外载荷作用线与轴颈和轴承中心连线所形成的夹角称为"偏位角 φ"。在实验台上，液体动压润滑油膜的形成过程及油膜压力分布如图 4.19 所示。

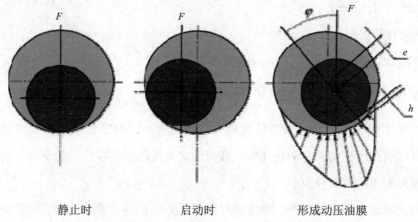

静止时　　　　　启动时　　　　形成动压油膜

图 4.19　液体动压润滑油膜的形成过程及油膜压力分布

（二）动压油膜建立的判断

通过在 HS-B 实验台上作摩擦特性曲线（简称" f – μ 曲线"）来判断液体动压润滑是否建立，如图 4.20 所示。

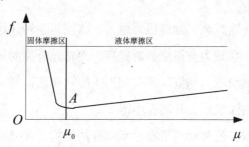

图 4.20　摩擦特性曲线

图中 f 为轴颈与轴承间的摩擦因数，μ 为轴承特性系数，A 为临界点（非液体润滑向液体润滑转变），μ_0 为临界特征系数。

在实验中只要图 4.20 中的曲线能建立，则可判断液体动压润滑能建立。

轴承的特性系数 $\mu(\lambda)$ 可用公式计算：

$$\mu(\lambda) = \frac{\eta n}{P} = \frac{\eta n S}{F} \tag{4-4}$$

式中：η 为润滑油动力黏度（Pa·s）；

n 为主轴转速（r/min）；

P 为轴承的比压（压强）（MPa），$P = F/dB$；

F 为外载荷（N）；

D 为轴颈直径（mm）；

B 为轴承有效工作长度（mm）；

S 为有效工作面积（mm^2），$S = dB$。

（三）动压油膜压力测量与分析

在本实验中我们只能通过改变转速和外载荷的大小这两个参数来影响油膜压力的大小，因此可以通过改变实验台的转速和外载荷的大小来测量油膜压力的变化，而在实际中影响油膜压力大小的因素有很多。

（1）润滑油运动黏度的影响：润滑油对油膜压力的影响主要取决于它的运动黏度，黏度越高，油膜压力越大。

（2）润滑油温度的影响：润滑油温度的高低决定了运动黏度的变化趋势，在设计液体动压滑动轴承时油的温度一般控制在 70℃左右，最高不超过 100℃。在本实验中由于设备运转时间短且油温的变化很小，对油膜压力值的影响可忽略不计，将油的温度视为实验台设置的 30℃。

（3）转速的影响：转速越高，油膜压力越大。特别是当转速达到一定的值，使流体的流动由层流变为紊流时，承载力会得到显著提高。而转速升高的同时会使润滑油的温度上升，运动黏度下降，使油膜压力降低，承载能力下降。相比而言，油温升高带来的油膜压力降低比转速上升带来的油膜压力升高要小得多。

（4）其他因素的影响：液体动压滑动轴承设计的结构、尺寸、制造精度和材料选择等对动压油膜的产生和压力的大小都有直接的影响，在本实验中暂不做讨论。

4.4.3 实验内容

（1）液体动压轴承油膜压力周向分布的测试分析：该实验装置采用压力传感器和 A/D 板采集该轴承周向上 7 个点位置的油膜压力，并输入计算机通过曲线拟合做出该轴承油膜压力周向分布图，通过分析其分布规律了解影响油膜压力分布的因素。

（2）液体动压轴承油膜压力周向分布的仿真分析：该实验装置配置的计算机软件通过

数据模拟做出液体动压轴承油膜压力周向分布的仿真曲线，与实测曲线进行比较分析。

（3）液体动压轴承摩擦特性曲线的测定：该实验装置通过压力传感器和 A/D 板采集与转换轴承的摩擦力矩，以及轴承的工作载荷并输入计算机得出摩擦系数的特性曲线，使学生了解影响摩擦系数的因素。

4.4.4　HS-B 型滑动轴承实验台介绍

HS-B 型滑动轴承多媒体仿真和测试分析实验台用于机械设计液体动压轴承实验，主要利用它来观察滑动轴承的结构，测量及仿真其径向油膜压力分布和轴向油膜压力分布，并且测定及仿真其摩擦特性曲线，其外结构如图 4.21 所示。

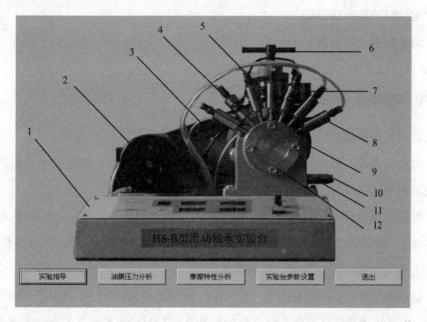

1—操纵面板；2—电动机；3—三角带；4—轴向油压传感器；5—外加载荷传感器；
6—螺旋加载杆；7—摩擦力器测力装置；8—径向油压传感器（7 个）；
9—传感器支撑板；10—主轴；11—主轴瓦；12—主轴箱
图 4.21　HS-B 型滑动轴承实验台外结构

（一）结构特点

该实验台结构简单、质量轻、体积小、外形美观大方、测量直观准确，并且运行稳定可靠。利用计算机对滑动轴承的径向油膜压力分布和摩擦特征曲线进行实测与仿真，将实际和理论有机地结合起来。利用计算机人机交互性能，使学生在软件界面说明文件的指导下独立自主地进行实验，培养动手能力。

（二）主要技术参数

（1）实验轴瓦：内直径 d=60 mm，有效长度 b=110 mm，材料为 ZASn6-6-3。

（2）载荷传感器精度：1.0%，量程 0～200 kg。

（3）加载范围：0～100 kg。

（4）摩擦力传感器精度：1.01%，量程 0～5 kg。

（5）油压传感器精度：1.0%，量程 0～0.6 MPa。

（6）测力杆上的测力点与轴承中心距离：L=125 mm。

（7）测力计标定值：k=2.083。

（8）电动机功率：355 W。

（9）调速范围：2～375 r/min。

（10）试验台重量：52 kg。

4.4.5　电气控制工作原理

该仪器电气测量控制由 3 部分组成。

（1）电动机调速：该部分采用由脉宽调制（PWM）原理设计的直流电动机调速电源，调节面板上的调速旋钮可调节所需的工作转速。

（2）直流电源及传感器放大电路：该电路由直流电源及传感器放大电路组成，直流电源主要为显示控制面板和 10 路传感器放大电路供电，传感器放大电路将 10 路传感器的测量信号放大到规定幅值供显示控制板采样测量。

（3）显示测量控制：该部分由单片机、A/D 转换器和 RS-232 接口组成，单片机负责转速测量和 10 路传感器信号采样，经采集的参数送面板显示；另外各采集的信号经 RS-232接口送上位机（计算机）进行数据处理。油膜压力可通过面板上的触摸按钮选择不同的油膜压力信号，该项可脱机（不需计算机）运行，手工对各采集的信号进行处理。

需注意仪器工作时，如果轴瓦和轴之间无油膜，则很可能烧坏轴瓦。为此人为设计了轴瓦保护电路，如果无油膜，则油膜指示灯亮；如果工作正常时，则油膜指示灯灭。

4.4.6　软件界面和操作说明

（一）启动界面

单击首页的非文字区，即可进入滑动轴承实验教学界面。

（二）滑动轴承实验教学界面

（1）"实验指导"按钮：单击此按钮，打开实验指导书。

（2）"进入油膜压力分析"按钮：单击此按钮，进入油膜压力及摩擦特性分析。

（3）"进入摩擦特性分析"按钮：单击此按钮，进入连续摩擦特性分析。

（4）"实验参数设置"按钮：单击此按钮，进入实验参数设置。

（5）"退出"按钮：单击此按钮，结束程序的运行，返回 Windows 界面。

（三）滑动轴承油膜压力仿真与测试分析界面

滑动轴承油膜压力仿真与测试分析界面如图 4.22 所示。

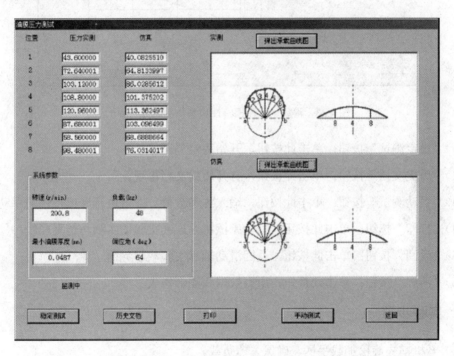

图 4.22　滑动轴承油膜压力仿真与测试分析界面

（1）"稳定测试"按钮：单击此按钮，开始稳定测试。

（2）"历史文档"按钮：单击此按钮，打开历史文档。

（3）"打印"按钮：单击此按钮，打印油膜压力的实测与仿真曲线。

（4）"手动测试"按钮：单击此按钮，进入油膜压力手动分析实验界面。

（5）"返回"按钮：单击此按钮，返回主界面。

（四）滑动轴承摩擦特性仿真与测试分析界面

滑动轴承摩擦特性仿真与测试分析界面如图 4.23 所示。

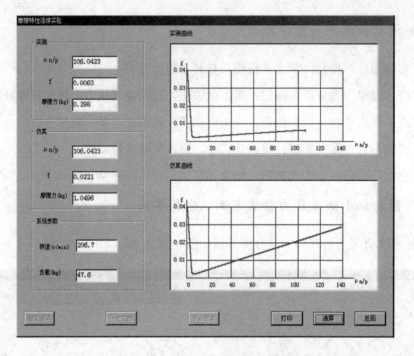

图 4.23　滑动轴承摩擦特性仿真与测试分析界面

（1）"稳定测试"按钮：单击此按钮，开始稳定测试。

（2）"历史文档"按钮：单击此按钮，打开历史文档再现。

（3）"手动测试"按钮：单击此按钮，输入各参数值，即可进行摩擦特性的手动测试。

（4）"打印"按钮：单击此按钮，打印摩擦特性连续实验的实测与仿真曲线。

（5）"返回"按钮：单击此按钮，返回滑动轴承实验教学界面。

（6）"清屏"按钮：单击此按钮，所有数据和图形消失。

4.4.7　实验步骤

（1）开机前先旋松加载手柄，确保去掉负载。

（2）在计算机桌面上单击"启动界面"按钮，进入滑动轴承实验教学界面。

（3）单击"实验指导"按钮，然后单击"油膜压力分析"按钮，进入滑膜压力分析。

（4）启动实验台的电动机，在做滑动轴承油膜压力仿真与测试实验时，均匀旋动调速按钮。待转速达到一定值后，测定滑动轴承各点的压力值。在做滑动轴承摩擦特性仿真与测试实验时，均匀旋动调速按钮使转速在 375±2 r/min 变化，测定滑动轴承所受的摩擦力。

（5）在滑动轴承油膜压力仿真与测试分析界面上，单击"稳定测试"按钮，稳定采集各位置点的滑动轴承的各个测试数据。测试后，将给出实测仿真 8 个压力传感器位置点的压力值，实测仿真曲线自动绘出；同时弹出"另存为"对话框，提示保存。单击"打印"

按钮，弹出"打印"对话框，选择后将滑动轴承油膜压力仿真曲线图和实测曲线图打印出来。

（6）在滑动轴承摩擦特性仿真与测试分析界面上，单击"稳定测试"按钮，稳定采集滑动轴承各测试数据。测试后，绘制滑动轴承摩擦特性实测仿真曲线比较图，单击"打印"按钮，弹出"打印"对话框，选择后将滑动轴承摩擦特性仿真曲线图和实测曲线图打印出来。

（7）实验结束，按下"Enter"键返回 Windows 界面。

4.4.8　思考题

（1）动压滑动轴承的油膜压力大小与实验中的哪些因素有关？

（2）加载载荷对最小油膜厚度有何影响？

（3）简述 f - μ 曲线中 A 点及 μ_0 点的意义。第 1 次 μ_0=？，第 2 次 μ_0=？改变加载载荷对 μ_0 有何影响？

（4）润滑油温度如有变化将会对动压滑动轴承的油膜压力的变化产生什么影响？

4.4.9　实验报告

实验报告包括实验目的、实验原理、实验步骤，以及记录实验过程中的数据，并绘制径向油膜压力分布曲线、轴向油膜压力分布曲线及 f - μ 曲线图，最后分析实验结果。

实验过程中的原始记录（数据、图表和计算）如下。

　　　　轴径直径：$d=$　mm

　　　　轴承宽度：$l=$　mm

　　　　润滑油动力黏度：$\eta=$　Pa·s

　　　　润滑油工作温度：$t=$　℃

4.5　轴系结构组合设计

4.5.1　实验目的

熟悉并掌握轴系结构设计中有关轴的结构设计与滚动轴承组合设计的基本方法。

4.5.2　实验设备

（1）组合式轴系结构设计分析实验箱：提供能进行减速器圆柱齿轮轴系、小圆锥齿轮轴系及蜗杆轴系结构设计的全套零件。

（2）测量及绘图工具：包括 300 mm 钢板尺、游标卡尺、内外卡钳、铅笔和三角板等。

4.5.3 实验内容和要求

（1）指导教师根据表 4.2 所示内容选择性安排每组的实验内容。

表 4.2 实验内容

实验题号	已知条件				
	齿轮类型	载荷	转速	其他条件	示意图
1	小直齿轮	轻	低	——	
2		中	高	——	
3	大直齿轮	中	低	——	
4		重	中	——	
5	小斜齿轮	轻	中	——	
6		中	高	——	
7	大斜齿轮	中	中	——	
8		重	低	——	
9	小锥齿轮	轻	低	锥齿轮轴	
10		中	高	锥齿轮与轴分开	
11	蜗杆	轻	低	发热量小	
12		重	中	发热量大	

（2）进行轴的结构设计与滚动轴承组合设计，每组学生根据实验题号的要求进行轴系结构设计，解决轴承类型选择、轴上零件定位、固定轴承安装与调节，以及润滑及密封等问题。

（3）绘制轴系结构装配图。

（4）每人编写实验报告一份。

4.5.4 实验步骤

（1）明确实验内容，理解设计要求。

（2）复习有关轴的结构设计与轴承组合设计的内容与方法。

（3）构思轴系结构方案。

- 根据齿轮类型选择滚动轴承型号。

- 确定支撑轴向固定方式（两端固定，以及一端固定且另一端游动）。

- 根据齿轮圆周速度（高、中、低）确定轴承润滑方式（脂润滑和油润滑）。

- 选择端盖形式（凸缘式和嵌入式）并考虑透盖处密封方式（毡圈、皮碗和油沟）。

- 考虑轴上零件的定位与固定，以及轴承间隙调整等问题。

- 绘制轴系结构方案示意图。

（4）组装轴系部件，根据轴系结构方案，从实验箱中选取合适零件组装成轴系部件并检查所设计组装的轴系结构是否正确。

（5）绘制轴系结构草图。

（6）测量零件结构尺寸（支座不用测量），并做好记录。

（7）将所有零件放入实验箱内的规定位置，交还所借工具。

（8）根据结构草图及测量数据，在 3 号图纸上用 1:1 比例绘制轴系结构装配图。要求装配关系表达正确，注明必要尺寸（如支撑跨距、齿轮直径与宽度和主要配合尺寸），并填写标题栏和明细表。

（9）写出实验报告。

4.5.5　实验报告

实验报告应包括实验目的、实验方案设计与论证、绘制轴系结构装配图（只标注轴的长度和直径，采用 A3 图纸绘制）。完成轴系结构设计说明，说明轴上零件的定位固定，以及滚动轴承的安装、调整、润滑与密封方法。

第 5 章　创新性实践

创新性实践旨在建立以问题为核心的教学模式，倡导以学生为主体的创新性实验改革，调动学生的主动性、积极性和创造性，激发学生的创新思维和创新意识，逐渐掌握思考问题和解决问题的方法，以及提高创新实践的能力。本章内容包括机构运动方案创新设计、机构创新组合设计和机械系统创意组合设计。

5.1　机构运动方案创新设计

5.1.1　实验目的

（1）培养学生对机械系统运动方案的整体认识，加强学生的工程实践背景的训练，拓宽学生的知识面，培养学生的创新意识、综合设计及工程实践动手能力。

（2）通过机构的拼接，在培养工程实践动手能力的同时可以发现一些基本机构及机械设计中的典型问题。并且可以对运动方案设计中的一些基本知识点融会贯通，对机构系统的运动特性有一个更全面和更深入的理解。

（3）加深学生对机构组成原理的认识，进一步掌握机构运动方案的各种创新设计方法。

5.1.2　实验设备和工具

（1）ZBS-C 机构运动创新设计方案实验台。

（2）组装和拆卸工具，包括一字螺丝刀、十字螺丝刀、呆扳手、内六角扳手、钢板尺和卷尺等。

（3）自备笔和纸。

5.1.3　实验内容

（1）机构运动创新设计实验，其运动方案可由学生构思平面机构运动简图进行创新构思并完成方案的拼接，达到开发学生创造性思维的目的。

（2）实验也可选用工程机械中应用的各种平面机构，根据机构运动简图进行拼接实验。

（3）该实验台提供的配件可完成不少于 40 种机构运动方案的拼接实验，实验时每台机架可由 3 名或 4 名学生组成一组，每人完成不少于一种的不同机构运动方案的拼接设计实验。

5.1.4　ZBS-C 机构运动创新设计方案实验台

如图 5.1 所示的 ZBS-C 机构运动创新设计方案实验台机架有 5 根铅垂立柱，均可沿 x 轴方向移动。移动前应旋松在电动机侧安装在上、下横梁上的立柱紧固螺钉，并用双手移动立柱到需要的位置。然后应将立柱与上（或下）横梁靠紧再旋紧立柱紧固螺钉旋松，不允许将其旋下。立柱上的滑块可在立柱上沿 y 轴方向移动，要移动立柱上的滑块，只需将滑块上的内六角平头紧定螺钉旋松即可（该紧定螺钉在靠近电动机侧）。按上述方法移动立柱和滑块，就可在机架的 x、y 平面内确定固定铰链的位置。

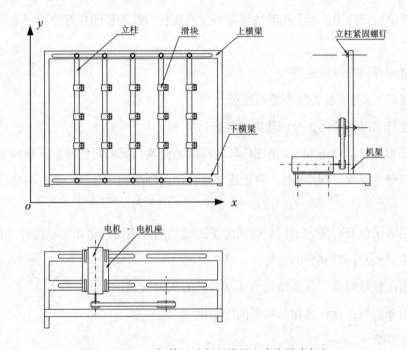

图 5.1　ZBS-C 机构运动创新设计方案实验台机架

实验台还包含以下零部件及配件。

（1）齿轮：模数为 2，压力角为 20°。齿数为 28、35、42、56，中心距组合为 63、70、77、84、91、98。

（2）凸轮：基圆半径为 20 mm，升回型，从动件行程为 30 mm。

（3）齿条：模数为 2，压力角为 20°，单根齿条全长为 400 mm。

（4）槽轮：4 槽槽轮。

（5）拨盘：可形成两销拨盘或单销拨盘。

（6）主动轴：轴端带有一平键，有圆头和扁头两种结构形式（可构成回转副或移动副）。

（7）从动轴：轴端无平键，有圆头和扁头两种结构形式（可构成回转副或移动副）。

（8）移动副：轴端带扁头结构形式（可构成移动副）。

（9）转动副轴（或滑块）：用于两构件形成转动副或移动副。

（10）复合铰链 I（或滑块）：用于三构件形成复合转动副或形成转动副加移动副。

（11）复合铰链 II：用于四构件形成复合转动副。

（12）主动滑块插件：插入主动滑块座孔中，使主动运动为往复直线运动。

（13）主动滑块座：装入直线电动机齿条轴上形成往复直线运动。

（14）活动铰链座 I：用于在滑块导向杆（或连杆）及连杆的任意位置形成转动副或移动副。

（15）活动铰链座 II：用于在滑块导向杆（或连杆）及连杆的任意位置形成转动副或移动副。

（16）滑块导向杆（或连杆）。

（17）连杆 I：有 6 种长度不等的连杆。

（18）连杆 II：可形成 3 个回转副的连杆。

（19）压紧螺栓：规格 M5，使连杆与转动副轴固紧，无相对转动且无轴向窜动。

（20）带垫片螺栓：规格 M5，防止连杆与转动副轴的轴向分离，连杆与转动副轴能相对转动。

（21）层面限位套：限定不同层面间的平面运动构件距离，防止运动构件之间的干涉。

（22）紧固垫片：限制轴的回转。

（23）高副锁紧弹簧：保证凸轮与从动件间的高副接触。

（24）齿条护板：保证齿轮与齿条间的正确啮合。

（25）T 型螺母。

（26）行程开关碰块。

（27）皮带轮：用于机构主动件为转动时的运动传递。

（28）张紧轮：用于皮带的张紧。

（29）张紧轮支撑杆：调整张紧轮位置，使其张紧或放松皮带。

（30）张紧轮轴销：安装紧张紧轮。

（31）～（33）螺栓：特制，用于在连杆任意位置固紧复合铰镀 I。

（34）直线电动机：10 mm/s，配直线电动机控制器。根据主动滑块移动的距离，调节两行程开关的相对位置来调节齿条或滑块往复运动距离，但调节距离不得大于 400 mm（请注意机构拼接尚未运动前，应先检查行程开关与装在主动滑块座上的行程开关碰块的相对位置，以保证换向运动能正确实施，防止机件损坏）。

（35）旋转电动机：10 r/min，沿机架上的长形孔可改变电动机的安装位置。

（36）实验台架。

（37）标准件和紧固件若干（A 型平键、螺栓、螺母和紧定螺钉等）。

5.1.5　实验原理、方法和步骤

（一）实验原理

按照机构组成原理，任何平面机构都是由若干个基本杆组（阿苏尔杆组）依次连接到原动件和机架上而构成的。

（二）实验方法

（1）杆组的正确拼装。

根据事先拟定的机构运动简图，利用机构运动创新设计方案实验台提供的零件按机构运动的传递顺序进行拼装。拼装时，通常先从原动件开始，按运动传递规律进行拼装。应保证各构件均在相互平行的平面内运动，这样可避免各运动构件之间的干涉；同时保证各构件运动平面与轴的轴线垂直。拼装应以机架铅垂面为参考平面，由里向外拼装。

为避免连杆之间运动平面相互紧贴而摩擦力过大或发生运动干涉，在装配时应相应装入层面限位套。

（2）主、从动轴与机架的连接。

如图 5.2 所示将轴连接好后，主（从）动轴相对机架不能转动，与机架成为刚性连接。若件 22 不装配，则主（从）动轴可以相对机架做旋转运动。

（3）移动副的连接。

移动副的连接如图 5.3 所示。

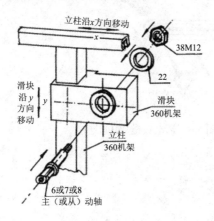

图 5.2　主、从动轴与机架的连接

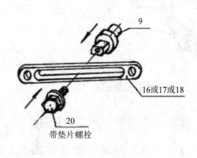

图 5.3　移动副的连接

（4）转动副的连接。

转动副的连接如图 5.4 所示。

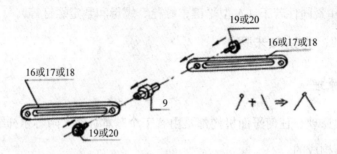

图 5.4　转动副的连接

按图示连接好后，采用件 19 连接端连杆与件 9 无相对运动；采用件 20 连接端连杆与件 9 可相对转动，从而形成两连杆的相对旋转运动。

（5）活动铰链座 I 的连接。

如图 5.5 所示的连接，可在连杆任意位置形成铰链，且件 9 可在活动铰链座 I 上形成回转副或形成回转—移动副。

（6）活动铰链座 II 的连接。

如图 5.6 所示的连接，可在连杆任意位置形成铰链，从而形成回转副。

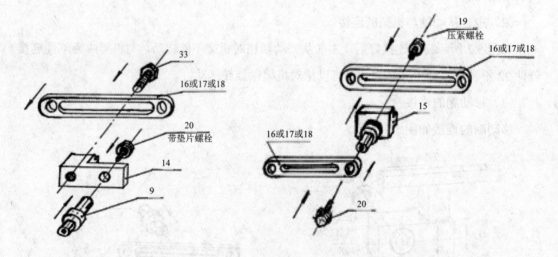

图 5.5　活动铰链座I的连接　　　　图 5.6　活动铰链座II的连接

（7）齿轮与主（从）动轴的连接。

齿轮与主（从）动轴的连接如图 5.7 所示。

（8）凸轮与主（从）动轴的连接。

凸轮与主（从）动轴的连接如图 5.8 所示。

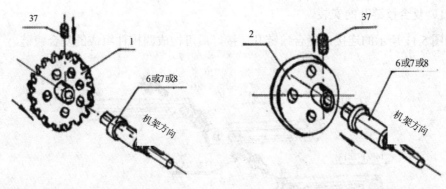

图 5.7　齿轮与主（从）动轴的连接　　　　图 5.8　凸轮与主（从）动轴的连接

（9）凸轮副的连接。

如图 5.9 所示的连接，连杆与主（从）动轴间可相对移动，并由弹簧 23 保持高副的接触。

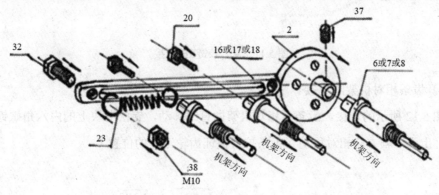

图 5.9　凸轮副的连接

（10）复合铰链 I 的安装（或转—移动副）。

如图 5.10 所示的连接，将复合铰链 I 铣平端插入连杆长槽中时构成移动副，而连接螺栓均应用带垫片螺栓。复合铰链 I 连接好后，可构成三构件组成的复合铰链，也可构成复合铰链加移动副。

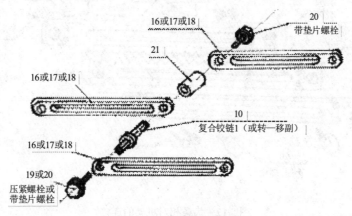

图 5.10　复合铰链 I 的连接

（11）复合铰链Ⅱ的安装。

如图 5.11 所示的连接，复合铰链Ⅱ连接好后可构成四构件组成的复合铰链。

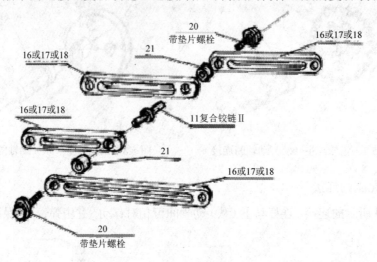

图 5.11　复合铰链Ⅱ的连接

（12）齿条相对机架的连接。

如图 5.12 所示的连接，齿条可相对机架做直线移动，旋松滑块上的内六角螺钉，滑块可在立柱上沿 y 轴方向相对移动（齿条护板保证齿轮工作的位置）。

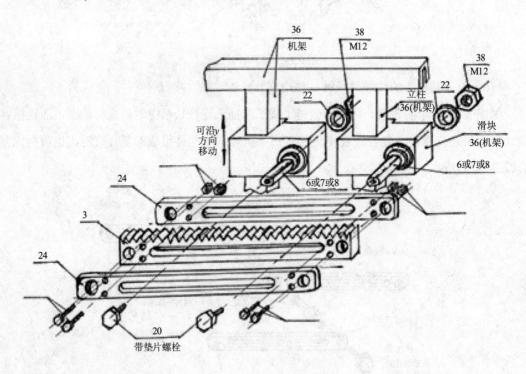

图 5.12　齿条相对机架的连接

（13）槽轮机构的连接。

如图 5.13 所示的连接，拨盘装入主动轴后应在拨盘上拧入紧定螺钉，槽使拨盘与主动轴无相对运动；同时槽轮装入主（从）动轴后也应拧入紧定螺钉，槽使槽轮与主（从）动轴之间无相对运动。

（14）主动滑块与直线电动机轴的连接。

当由滑块作为主动件时，将主动滑块座与直线电动机轴（齿条）固连即可，并完成如图 5.14 所示的连接即可形成主动滑块。

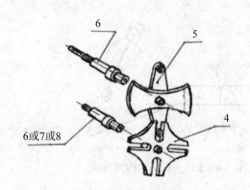

图 5.13　槽轮机构连接

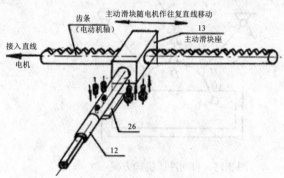

图 5.14　主动滑块与直线电动机轴的连接

（三）实验步骤

（1）掌握平面机构组成原理。

（2）熟悉本实验中的实验设备、各零部件功用，以及安装和拆卸工具。

（3）自拟平面机构运动方案形成拼装实验内容。

（4）将运动方案按运动传递规律顺序连接到原动件和机架上。

（5）绘制实际拼装的机构运动简图。

5.1.6　创新设计方案参考

（一）自动冲压机构创新设计方案

如图 5.15 所示，该机构由曲柄滑块机构和两个对称的摇杆滑块机构组成。对称部分由杆件 4→5→6→7 和杆件 8→9→10→7 两部分组成，其中一部分为虚约束。机构的工作原理是当曲柄 1 连续转动时使滑块 3 上、下移动，通过杆件 4→5→6 使滑块 7 做上、下移动，完成对物料的压紧。对称部分 8→9→10→7 的作用是使滑块 7 平稳下压，使物料受载均衡。该机构可用于钢板打包机、纸板打包机、棉花打捆机和剪板机等机器。

（二）插床机构创新设计方案

如图 5.16 所示，该机构由转动导杆机构与正置曲柄滑块机构构成。工作原理是曲柄 1 匀速转动，通过滑块 2 带动从动杆 3 绕 B 点回转，并通过连杆 4 驱动滑块 5 做直线移动。由于导杆机构驱动滑块 5 往复运动时对应的曲柄 1 转角不同，故滑块 5 具有急回特性。此机构可用于刨床和插床等机械中。

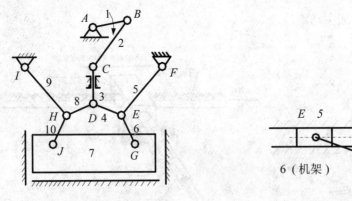

图 5.15　自动冲压机构方案　　　　图 5.16　插床机构方案

5.1.7　思考题

（1）机械原理课程所研究的对象和主要内容是什么？

（2）平面四杆机构有哪些类型？这些机构的运动副有什么特点？哪些四杆机构能实现由转动转换为移动？并举出几个实例说明。

（3）用于传递两平行轴、两相交轴的回转运动的齿轮机构有哪些？哪些齿轮机构能实现由转动转换为移动或者由移动转换为转动？并举出实例说明。

5.1.8　实验报告

实验报告的内容应包括创新设计方案的名称、用途、实验步骤、所用元件、绘制实际拼装的机构运动简图、在机构运动简图中标注实际测得的机构运动学尺寸、简要说明机构的运动传递情况并分析其工作特点，以及实验体会。

5.2　机构创新组合设计

5.2.1　实验目的

（1）加强学生对机构组成原理的认识，进一步了解机构组成及其运动特性，为机构创新设计奠定良好的基础。

（2）增强学生对机构的感性认识，培养学生的工程实践及动手能力，并且体会设计实际机构时应注意的事项，完成从运动简图设计到实际结构设计的过渡。

（3）培养学生创新意识及综合设计的能力。

5.2.2　实验设备和工具

（一）设备：创新组合模型两组

一组机构系统创新组合模型（包括 4 个架）基本配置所含组件如下。

1．接头

接头分单接头和组合接头两种，单接头有 5 种形式，组合接头有 4 种形式。

（1）接头 J1 螺纹分左旋和右旋两种，方头的侧面上为 12mm×12mm 方通孔。

（2）单接头 J2 螺纹分左旋和右旋两种，方头的侧面上为 $\Phi12$ 圆通孔。

（3）单接头 J3 螺纹全部为右旋，方头的侧面上为 12×12 方通孔，且螺杆端有一段 $\Phi12$ 的过渡杆。根据长度的不同分为 6 种，即从短至长适应 1～6 层的分层需要，便于不同层次连接选择。

（4）单接头 J4 为 L 型，两垂直面上，一面为方通孔；另一面为圆通孔。

（5）单接头 J5 有一方孔，其两垂直右旋螺杆上有一端带有 $\Phi12$ 圆柱。根据圆柱长度不同分为 6 种，即从短至长适应 1～6 层的分层需要，便于不同层次连接选择。

（6）组合接头 J1/J7 有两种，J1 与 J7 之间可相对旋转。两种组合接头组合形状一样，但其中一种为一右旋和一左旋螺纹；另一种为两左旋螺纹。

（7）组合接头 J6/J4，J6 与 J4 之间可相对旋转，其中 J6 为一带方孔的方块。

（8）组合接头 J6/J7，J6 与 J7 之间可相对旋转，其中 J6 为一带方孔的方块。

2．连杆

（1）连杆为正方形杆件，可套入接头的方孔内进行滑动和固定。共有 7 种不同的长度，可用于各种拼接。杆长 60～300 mm 能分段无级调整，超过 300 mm 的杆可另行组装而成。小于 60 mm 的杆件可利用齿轮或凸轮上的偏心孔，其连杆代号名称见表 5.1。

表 5.1　连杆代号名称

代号	L-60	L-100	L-140	L-180	L-220	L-260	L-300

（2）连杆两端各有右旋及左旋 M8 螺孔，可通过 ZLM 齿条连接螺钉将连杆相互连接到

所需长度。也可通过 HM-1 换向螺钉将左旋螺孔转为右旋螺孔，两端孔还可根据需要和其他接头零件相连接。

3．凸轮及凸轮副从动组件

有 4 种轮廓的凸轮构件。凸轮上的 $\Phi 8$ 通孔可穿入接头螺杆，配合端螺母 DAM 及连杆使凸轮作为曲柄使用。

4．齿轮和齿条

模数相等（$m=2.5$）齿数不同的 6 种直齿圆柱齿轮（其齿数分别为 17，21，25，30，34，43）和一种齿条可提供 43 种传动比，齿轮上分布的 $\Phi 8$ 通孔与凸轮上的通孔作用相同。

与齿轮模数相等的齿条（ZL）可通过齿条连接螺钉将两齿条连接到一起，中间的 $\Phi 12$ 圆孔和 20mm×20mm 方孔可按需要做起到固定或插杆作用（$\Phi 12$ 通孔可配入 DAM 端螺母和右旋螺杆接头）。

5．组合机架

组合机架是机构系统创新组合模型的主体，由多种零件组成。

（1）外框架（ZJ1）。

（2）内框架（横梁 ZJ2-1 和竖梁 ZJ2-2）。

（3）横向滑杆（ZJ3）。

（4）滑杆支板（ZJ4）。

（5）竖滑块（左 ZJ5-1，右 ZJ5-2）。

（6）横向滑块（ZJ6）。

（7）轴套（ZJ7）。

（8）锁紧手柄（ZJ9）。

（9）M20 螺母（ZJ10）。

6．旋转式电动机总成

（1）旋转减速电动机一台（YCJ），其转速为 10 r/min。

（2）旋转电动机支座一个。

（3）电动机安装螺钉。

7．减速直线式电动机总成

（1）直线减速电动机一台（YCJZ），其转速为 10 mm/s。

（2）直线电动机支座一个（XH）。

（3）直线电动机电控盒（DKH）一套及限位器。

（4）移动副主动轴（YF）及移动轴端子。

（5）旋转副主动轴（XF）。

8．用于拼接各种机构形式的其他辅助零件

（1）皮带轮（PN）配 A 型皮带 L=1245mm。

（2）端螺母（DAM）。

（3）垫柱（L4、L20）。

（4）弹簧（TH）$\varphi6\times60$。

（5）齿条连接螺钉（ZLM）及左右旋螺母（M8-1 和 M8-2）。

（6）换向螺钉（HM-1）。

（7）其他标准件（螺钉和平键等）。

9．其他

根据教学实践的创意及需要在模型上增加其他构件。

（二）工具

平口螺丝刀和固定扳手及活动扳手若干套。

5.2.3　实验前的准备工作

（1）要求预习本实验，掌握实验原理，初步了解机构创新模型。

（2）熟悉教师给定的设计题目及机构系统运动方案（也可自己选择设计题目，初步拟定机构系统运动方案）。

（3）拆分杆组，画在纸上，实验前交由教师检查。

5.2.4　实验内容

下列各种机构均选自于工程实践，要求用机构创新模型加以实现。

（一）组合机构

（1）导杆摇杆滑块冲压机构和凸轮送料机构。

如图 5.17 所示，曲柄为主动件，其杆长度为 l_{AB}=87 mm，l_{CD}=135 mm，l_{AC}=345 mm，l_{DE}=140 mm，l_{AO}=90 mm，l_{OH}=95 mm，h=480 mm。

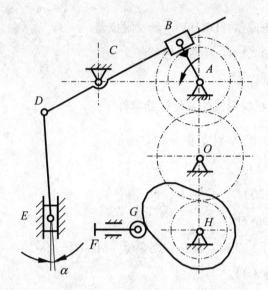

图 5.17　导杆摇杆滑块冲压机构和凸轮送料机构

（2）凸轮连杆机构。

- 结构说明：由凸轮与连杆组合成的组合式机构。

- 工作原理和特点：一般凸轮为主动件，能够实现较复杂的运动规律。

- 应用举例：自动车床送料及进刀机构，如图 5.18 所示，它由平底直动从动件盘状凸轮机构与连杆机构组成。当凸轮转动时，推动杆 DE 往复移动，通过连杆 DB 与摆杆 AB 及滑块 C 带动从动件 CF（推料杆）做周期性往复直线运动。

（3）齿轮连杆机构。

如图 5.19 所示为用于打包机中的双向加压机构，摆杆 1 为主动件。通过滑块 2 带动齿条 3 往复移动，使齿轮 4 回转。与之啮合的齿条 5、6 的移动方向相反，以完成紧包的动作。

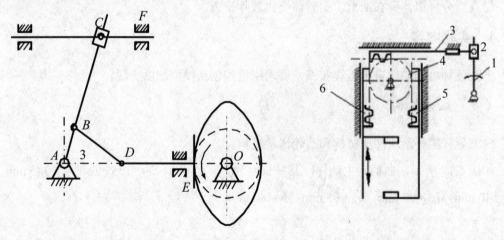

图 5.18　自动车床送料及进刀机构　　　　图 5.19　双向加压机构

（二）间歇运动机构

（1）槽轮机构与导杆机构。

- 结构说明：如图 5.20 所示为槽轮机构与转动导杆机构串联而成的机构。

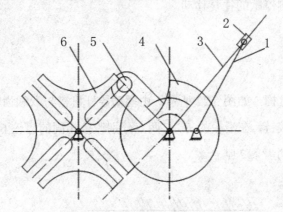

图 5.20　槽轮机构与转运导杆机构串联而成的机构

- 工作原理和特点：当杆 1 做匀速回转时，导杆和拨盘 3 做非匀速回转运动，从而改善了槽轮机构的动力特性。
- 应用说明：槽轮机构动力性能较差，但若将一个转动导杆机构串联接在槽轮机构之前，则可改善槽轮机构的动力性能。

（2）单侧停歇的移动机构。

- 结构说明：如图 5.21 所示机构由六连杆机构 ABCDEFG 和曲柄滑块机构 GFH 串联组合而成。连杆上 E 点的轨迹在 E_1EE_2 段近似为圆弧，圆弧中心为 F。六连杆机构的从动杆 FG 为 GFH 机构的主动件。

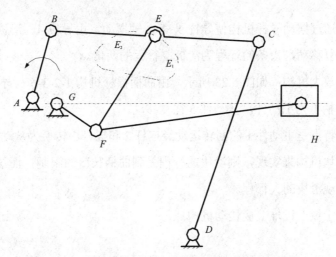

图 5.21　六连杆机构与曲柄滑块机构串联而成的机构

● 工作原理和特点：主动曲柄 AB 做匀速转动，连杆上的 E 点做平面复杂运动。当运动到 E_1EE_2 近似圆弧段时，铰链 F 处于曲率中心，保持静止状态，摆杆 GF 近似停歇从而实现滑块 H 在右极限位置的近似停歇，这是利用连杆曲线上的近似圆弧段实现滑块具有单侧停歇的往复移动。

（三）放大机构

（1）行程放大机构。

● 导杆齿轮齿条机构：如图 5.22 所示，由摆动导杆机构与双联齿轮齿条机构组成。导块 4 与滑板 5 铰链，在滑板的 E、F 两点分别铰接相同的齿轮 6 和 9，它们分别与固定齿条 8 和移动齿条 7 啮合。

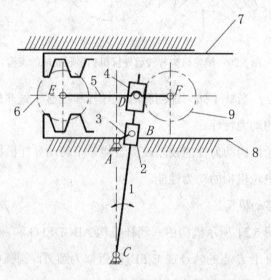

图 5.22　摆动导杆与双联齿轮齿条组合机构

工作原理是通过摆动导杆机构使导杆 1 绕 C 轴摆动，由导块 4、滑板 5 及齿轮 6 的运动驱动齿条 7 往复移动，齿条的行程为滑板 5 行程的两倍。

● 多杆行程放大机构：如图 5.23 所示，由曲柄摇杆机构 1-2-3-6 与导杆滑块机构 3-5-6 组成。曲柄 1 为主动件，从动件 5 往复移动。

工作原理和特点是主动件 1 的回转运动经连杆 2 和摇杆 3 转换为从动件 5 的往复移动。如果采用曲柄滑块机构来实现，则滑块的行程受到曲柄长度的限制，而该机构在同样曲柄长度条件下能实现滑块的大行程。

该机构应用于梳毛机堆毛板传动机构。

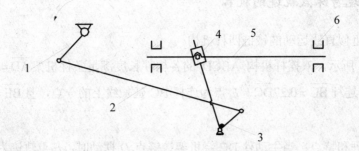

图 5.23 曲柄摇杆与导杆滑块组合机构

（2）摆角放大机构。

- 双摆杆摆角放大机构：如图 5.24 所示，从动摆杆 2 插入主动摆杆 4 端部滑块 3 中，两杆中心距 A 应小于摆杆 1 的半径 r。

工作原理是当摆杆 1 摆动 α 角时，杆 2 的摆角 β 大于 α 实现摆角增大，各参数之间的

关系为 $\beta = 2\arctan \dfrac{\dfrac{r}{a}\tan\dfrac{\alpha}{2}}{\dfrac{r}{a}-\sec\dfrac{\alpha}{2}}$。

- 六杆机构摆角放大机构：如图 5.25 所示，由曲柄摇杆机构 1-2-3-6 与摆动导杆机构 3-4-5-6 组成。曲柄 1 为主动件，摆杆 5 为从动件。

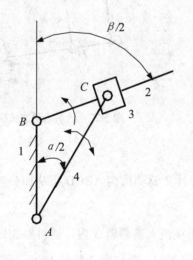

图 5.24 双摆杆摆角放大机构

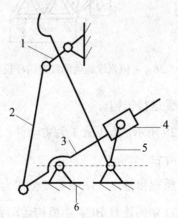

图 5.25 六杆机构摆角放大机构

工作原理和特点是当曲柄 1 连续转动时通过连杆 2 使摆杆 3 做一定角度的摆动，然后通过导杆机构使从动摆杆 5 的摆角增大。该机构摆杆 5 的摆角可增大到 200° 左右。

该机构应用于缝纫机的摆梭机构。

（四）实现特殊点轨迹的机构

（1）实现近似直线运动的铰链四杆机构。

如图 5.26 所示，双摇杆机构 ABCD 的各构件长度满足条件机架 $\overline{AD}=0.64\overline{DC}$，摇杆 $\overline{AB}=1.18\overline{DC}$，连杆 $\overline{BC}=0.27\overline{DC}$。E 点为连杆 BC 延长线上的一点，且 $\overline{BE}=0.83\overline{DC}$。DC 为主动摇杆。

- 工作原理和特点：当主动件 DC 绕机架铰链点 D 摆动时，E 点轨迹为近似直线。
- 应用举例：可用做固定式港口起重机，在 E 点处安装吊钩。利用该点轨迹的近似直线段吊装货物，能符合吊装设备的工艺要求。

（2）送纸机构。

如图 5.27 所示为平板印刷机中用于完成送纸运动的机构，当固接在一起的双凸轮 1 转动时通过连杆机构使固接在连杆 2 上的吸嘴沿轨迹 mm 运动，以完成将纸吸起和送进等运动。

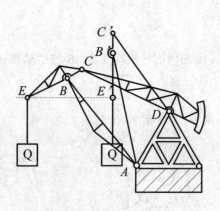

图 5.26　近似直线运动的铰链四杆机构

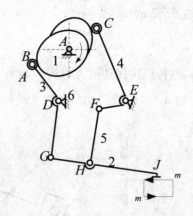

图 5.27　送纸运动的机构

（3）铸锭送料机构。

如图 5.28 所示，液压缸 1 为主动件，通过连杆 2 驱动机构 ABCD 将从加热炉出料的铸锭 6 送到升降台 7。

- 工作原理和特点：图中实线位置为出炉铸锭进入盛料器 3 内，盛料器 3 即为双摇杆 ABCD 中的连杆 BC。当机构运动到虚线位置时，盛料器 3 翻转 180° 把铸锭卸放到升降台 7 上。
- 应用举例：加热炉出料设备和加工机械的上料设备等。

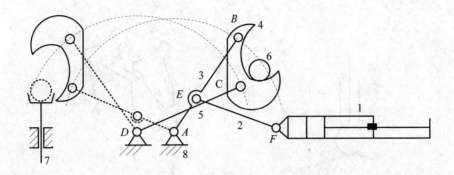

图 5.28　铸锭送料机构

（五）改变机构的运动特性

如图 5.29 所示，在 ABC 摆动导杆机构的摆杆 BC 反向延长线的 D 点上加二级 RRP 杆组（连杆 DE 和滑块 E）成为六杆机构。主动曲柄 AB 匀速转动，滑块 E 在垂直于 AC 的导路上往复移动，具有较大急回特性。改变 ED 连杆的长度，滑块 E 可获得不同的规律。在滑块 E 上安装插刀，该机构可作为插床的插销机构。

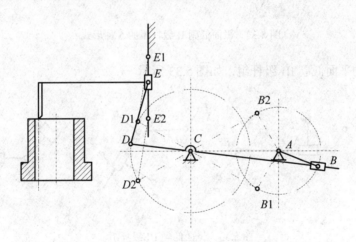

图 5.29　插床的插削机构

5.2.5　实验原理

任何平面机构都可用零自由度的杆组依次连接到原动件和机架上的方法来组成，这就是本实验的基本原理。

用本实验装置可搭接的杆组如下。

（1）单构件高副杆组（一个构件、一个低副和一个高副），分别如图 5.30 和图 5.31 所示。

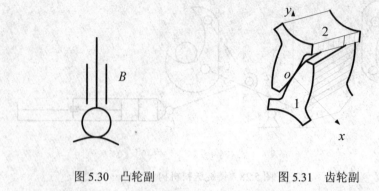

图 5.30　凸轮副　　　　　　　　图 5.31　齿轮副

（2）平面低副 II 级杆组共有 5 种形式，如图 5.32 所示。

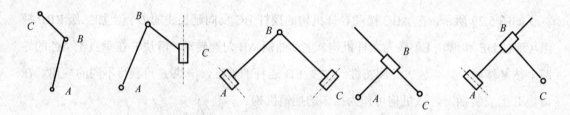

图 5.32　平面低副 II 级杆组的 5 种形式

（3）常见的平面低副 III 级杆组，如图 5.33 所示。

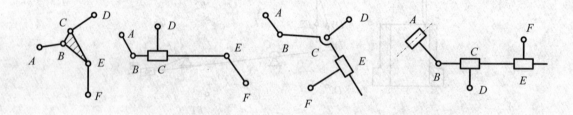

图 5.33　平面低副 III 级杆组

5.2.6　实验方法和步骤

（一）正确拆分杆组

从机构中拆出杆组需要以下 3 个步骤。

（1）去掉机构中的局部自由度和虚约束。

（2）计算机构的自由度，确定原动件。

（3）从远离原动件的一端开始拆分杆组，每次拆分时先试着拆分出 II 级组。没有 II 级组时，再拆分 III 级组等高级组，最后剩下原动件和机架。

拆组是否正确的判定方法是拆去一个杆组或一系列杆组后剩余的必须为一个与原机构具有相同自由度的子机构或若干个与机架相连接的原动件，不能有不成组的零散构件或运动副存在，全部杆组拆完后只应剩下与机架相连的原动件。

如图 5.34 所示的机构可先除去 I 处的局部自由度，然后按步骤（2）计算机构的自由度 $F=1$，并确定凸轮为原动件。最后根据步骤（3）的要领先拆分出由滑块 C 和构件 MC 组成的 II 级 RRP 杆组，接着拆分出由构件 AB 和 BD 组成的 II 级 RRR 杆组。再拆分出由构件 EF 和 FG 组成的 II 级 RRR 杆组，然后拆分出由构件 GHI 组成的单构件高副杆组，最后剩下原动件 KM 和机架。

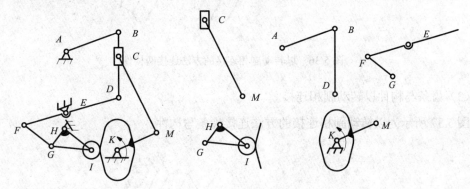

图 5.34 杆组拆分步骤

（二）正确拼装杆组

将机构创新模型中的杆组，根据给定的运动学尺寸在平板上试拼机构。拼接时首先要分层。这样做一方面是为了使各构件的运动在相互平行的平面内进行，另一方面是为了避免各构件间的运动发生干涉。试拼之后从最里层装起，依次将各杆组连接到机架上。

（1）移动副的连接。

图 5.35 所示为以移动副相连接的方法连接两构件。

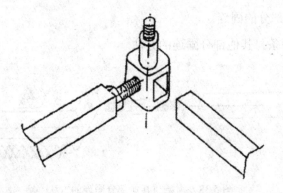

图 5.35 以移动副相连接的方法连接两构件

（2）转动副的连接。

图 5.36 所示为以转动副相连接的方法连接两构件。

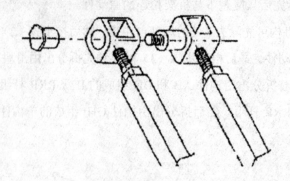

图 5.36　以转动副相连接的方法连接两构件

（3）齿条与构件以转动副相连接。

图 5.37 所示为以转动副相连接的方法连接齿条与构件。

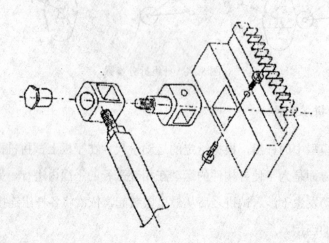

图 5.37　以转动副相连接的方法连接齿条与构件

（4）齿条与其他部分的固连。

图 5.38 所示为齿条与其他部分固连的方法。

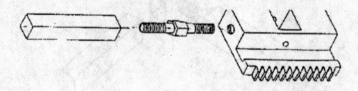

图 5.38　齿条与其他部分固连的方法

（5）构件以转动副的形式与机架相连接。

图 5.39 所示为连杆作为原动件与机架以转动副形式相连接的方法，用同样的方法可以将凸轮或齿轮作为原动件与机架的主动轴相连接。如果连杆或齿轮不是作为原动件与机架以转动副形式相连接，则将主动轴换为螺栓即可。需注意为确保机构中各构件的运动都必须在相互平行的平面内进行，可以选择适当长度的主动轴、螺栓及垫柱。如果不进行调整，机构的运动就可能不顺畅。

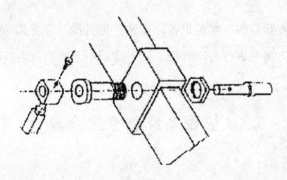

图 5.39　连杆作为原动件与机架以转动副形式相连接的方法

（6）构件以移动副的形式与机架相连接。

图 5.40 所示为移动副作为原动件与机架的连接方法。

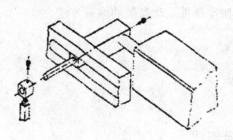

图 5.40　移动副作为原动件与机架的连接方法

（三）实现确定运动

试用手动的方式驱动原动件，观察各部分的运动都畅通无阻后再与电动机连接，检查无误后方可接通电源。

（四）分析机构的运动学及动力学特性

通过观察机构系统的运动，对机构系统运动学及动力学特性做出定性的分析，一般包括如下几个方面。

（1）平面机构中是否存在曲柄。

（2）输出件是否具有急回特性。

（3）机构的运动是否连续。

（4）最小传动角（或最大压力角）是否在非工作行程中。

（5）机构运动过程中是否具有刚性和柔性冲击。

5.2.7　实验报告

实验报告应包括实验目的、实验设备；自选一种机构，分析其功能原理和工程应用特点，提出自己的设计方案并进行对比分析。针对实验中遇到的问题提出解决的方法，最后写出心得体会。

5.3　机械系统创意组合设计

5.3.1　实验目的

（1）加深对各种机械系统及其零部件的认识，了解各种机械系统及其零部件的特点。

（2）培养学生的机械设备综合设计能力、创新能力和实践动手能力。

（3）掌握电动机及一些通用机械零部件的安装和校准方法。

（4）掌握一些通用机械零部件运动参数的测量方法。

5.3.2　实验设备和工具

（1）JCY-C 实验平台。

（2）自备笔和纸。

5.3.3　JCY-C 实验平台组成

如图 5.41 所示的 JCY-C 实验平台的组成部分包括工作台板、存储面板、存储抽屉单元、存储柜单元和控制单元。

（一）工作台板

如图 5.42 所示，工作台板包含 4 块金属板，用于装配机械系统的标准件。大多数实验活动用到 1～2 块金属板，允许 4 名或更多学生同时使用一个 JCY-C 工作台板。每一个工作台板都设计了用于装配组件的狭槽和孔。

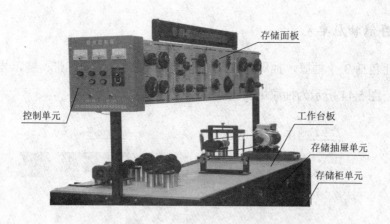

图 5.41　JCY-C 实验平台

图 5.42　工作台板

（二）存储面板

如图 5.43 所示，JCY-C 实验平台包括 8 块存储面板，即轴面板 1、轴面板 2、带面板、链面板、齿轮面板 1、齿轮面板 2、曲柄滑块面板和不合格件面板。面板的设计目的是为了快速辨识驱动组件并且很容易地找到它们，每一块面板都有把手用于提起并装配在工作台板的头顶上方的架子上。

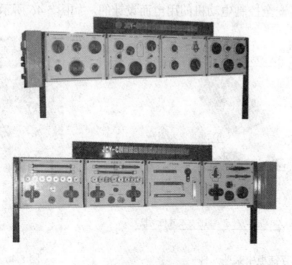

图 5.43　存储面板

（三）存储抽屉单元

这个单元包括 3 个抽屉，抽屉中包含测量仪器、垫片、按键、带、链、装配器具和紧固标准件等。图 5.44 所示为抽屉中的测量和校正工具。

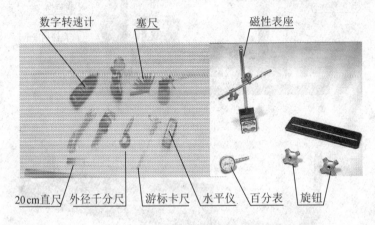

图 5.44　测量和校正工具

（四）存储柜单元

工作台板的下部柜子即为存储柜单元，包括 3 个存储柜，用于存储各种类型安装支配工具及松散组件，如电动机、电动机与减速器组件（变速电动机）、电动机可调支撑座和带式制动器等，如图 5.45 所示。存储柜及存储抽屉不能放置的组件可放在工作台板与存储单元之间的空间中。

（五）控制单元

这个单元是为了安全控制电动机的用电而设计的，如图 5.46 所示。

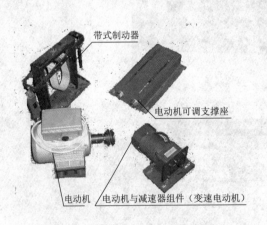

图 5.45　存储柜中某些元件

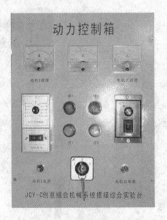

图 5.46　控制单元

5.3.4　实验原理和方法

（一）实验原理

利用所学的机械原理和设计技术知识，基于创新的理论和技巧完成系统零部件的组合和创新。

（二）实验方法

1. 执行安全开关的开启操作

在控制单元找到带锁的总电源安全开关（见图 5.47），这个开关管控控制单元所有的电器电源。当钥匙在中位（0）时断开所有电器电源，钥匙在左右位（1、2）时接通所有电器电源。在指导教师检查完毕后方可插入安全锁钥匙，旋转带锁总电源安全开关至左右位时电器电源指示灯亮，所有电器电源接通，此时钥匙已不能取出。

2. 水平仪的使用

如图 5.48 所示，水平仪是用于检查表面是否水平的一种仪器，由具有高精度金属棱边的金属板和一些充满液体的管子组成。这些充满液体的管子和直的金属棱边平行或垂直，每个管子中都有一个气泡和两条校准线，这些气泡和校准线用来确定所检测的平面是否与地面水平或垂直。

图 5.47　带锁的总电源安全开关　　　　图 5.48　水平仪

水平仪可用来检测是水平的或是垂直的表面，其中水平的气泡是用来测量水平表面与地面的平行度的，当气泡位于两条校准线之间时表示所测表面与地面平行；同理，水平仪中两个垂直的气泡是用来测量表面与地面的垂直度的，当气泡位于两条校准线之间时表示所测表面与地面垂直。

3. 装配和对准电动机

（1）执行下列安全检查。

● 佩戴防护眼镜。

● 穿着合身的衣服（不可穿较宽松的）。

● 项链、手表、戒指和领带等饰品必须摘下。

● 将长发盘起或置于帽子中。

● 穿厚底鞋。

● 穿短袖衣服，或者将长袖挽起。

● 地面不可潮湿。

（2）找到轴面板 1 安置于工作台头顶架子上，如图 5.49 所示。

（3）在存储抽屉单元中找到 4 个与电动机安装孔相配的六角螺钉（标准件）和调整垫圈、锁紧垫圈和螺母。

（4）找到常转速电动机并将之安置于 JCY-C 工作台面，如图 5.50 所示。

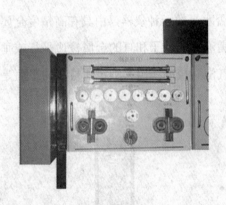

图 5.49　轴面板 1

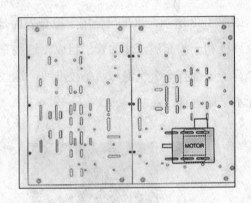

图 5.50　常转速电动机及工作台面

（5）在轴面板 1 上找到常转速电动机的 4 个支撑垫。

（6）确定工作表面、电动机座底部和支撑垫清洁及没有毛刺。

（7）将银色支撑垫与电动机脚对准，如图 5.51 所示，这些支撑垫用于调整电动机到想要的高度。

（8）执行下列步骤安装电动机。

● 用装配螺栓、螺母和垫圈将电动机安装到工作表面，用手拧紧螺母。

● 用尺子将电动机与工作表面边对准，调整电动机使其两个脚到工作台表面的边距离相等，如图 5.52 所示。

图 5.51 调整电动机高度

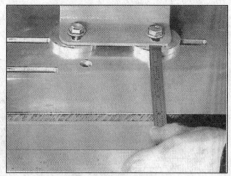

图 5.52 调整电动机的边距

- 选择两个扳手按照图 5.53 所示的顺序拧紧螺母。注意,不要把某一个螺母固定过紧,以免引起电动机基座变形,这种方法用于任何电动机的固紧。

（9）标定电动机轴。

- 将水平仪放置在电动机轴上,如图 5.54 所示,观察气泡的位置。务必使得水平仪放置在轴的光滑表面上,一些轴是阶梯轴,所以水平仪必须放置在其中一段的上面。

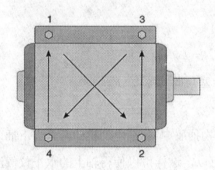

图 5.53 拧螺母的顺序

图 5.54 放置水平仪

- 在水平仪底部的一端插入塞尺叶片直到气泡处于中心位置,如果气泡向右边倾斜,则用叶片垫其左端;反之用叶片垫其右端,记录叶片的厚度。

塞尺叶片厚度_____（mm）

- 如图 5.55 所示测出水平仪有效长度。

水平仪有效长度（L_E）_____（mm）

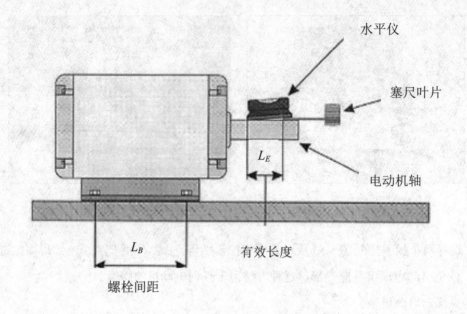

图 5.55 测水平仪有效长度

- 测量电动机装配螺栓之间的距离。

螺栓间距离（L_B）_____（mm）

- 计算装配螺栓距离与水平仪有效长度之比 $R = L_B / L_E$。
- 计算所需要的调整垫片厚度：垫片厚度＝塞尺叶片厚度×R。
- 拧松 4 个螺母。
- 如图 5.56 所示为调整垫片，（它们放在储物抽屉中）。在电动机的两只脚下插入相应厚度的调整垫片，前两只或者后两只都可以，这样可以使得轴上的水平仪气泡处于中心位置。

图 5.56 调整垫片

- 检查电动机轴的水平情况（如果已经水平，则进入下一步；否则继续更换垫片）。

（10）执行下列步骤检查电动机轴径向跳动。

- 如图 5.57 所示，在工作台上安装好磁性表座和百分表，使百分表的测头与电动机轴接触上。

- 调整百分表使其表盘指针处于量程范围的中间，调零。

- 从键槽的一边转动电动机轴，记录旋转一周的最大读数和最小读数。

最大读数＿＿＿＿＿＿＿＿＿＿＿＿（mm）

最小读数＿＿＿＿＿＿＿＿＿＿＿＿（mm）

- 计算指针的总读数，即最大读数和最小读数之间的差值。

指针总读数（T）＿＿＿＿＿＿＿＿（mm）

- 计算轴的径向跳动。

指针总读数（T）的 1/2，如果其大于 0.05 mm，则向指导教师咨询。

- 拧紧螺栓。

（11）执行下列步骤检查电动机轴端的漂移。

- 调整百分表位置使测头处于轴端，如图 5.58 所示。

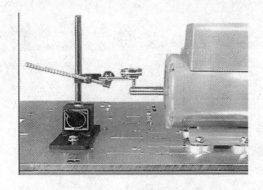 

图 5.57　安装磁性表座　　　　　图 5.58　调整百分表位置

- 调整百分表使其表盘指针处于量程范围的中间，调零。

- 用手朝着电动机方向尽可能推动电动机轴，记录指针的读数（D_1＝＿＿＿＿＿＿）。

- 沿背离电动机方向用手拉电动机轴，记录指针的读数（D_2＝＿＿＿＿＿＿）。

- 计算轴向跳动。

它是两次读数（D_1、D_2）之差，如果其大于 0.025 mm，则向指导教师咨询。

（12）执行下列的步骤连接和启动电动机。

- 将电动机控制单元的电线与墙上插头相连接，如图 5.59 所示。

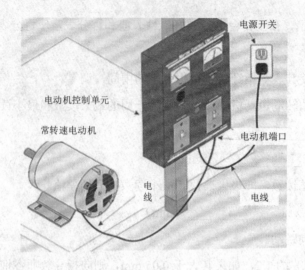

图 5.59　电缆线与墙上插头相连接

- 连接常转速电动机电线到电动机控制单元的电动机端口。
- 确定电动机控制单元上的电源开关处于关闭状态。
- 解除锁定/解锁。
- 打开安全开关，电动机控制单元上的主要电源指示器必须打开。
- 确定电动机附近没有人。
- 打开电动机电源开关。
- 关闭电动机电源开关，电动机缓慢停止。
- 关闭带锁总电源安全开关。

4. 用接触式转速表测量电动机转速

（1）检查数字转速表及其上的按钮，如图 5.60 所示。

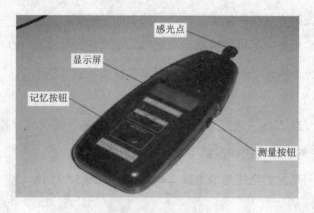

图 5.60　数字转速表

数字转速表的主要技术参数及其操作说明如表 5.2 所示。

表 5.2　数字转速表的主要技术参数及其操作说明

测试范围	0.5～19 999 r/min 接触转速
	0.05～1999.9 m/min 接触线速（公制）
	0.2～6560 ft/min 接触线速（英制）
分 辨 力	转速：0.1 r/min（0.5～999.99 r/min） 1 r/min（1000 r/min 以上）
	线速：0.01 m/min（0.05～99.99 m/min） 0.1 m/min（100 m/min 以上）
操作说明	接触转速方式 （1）装好电池后将功能开关拨至接触转速挡-r/min，安装好接触配件。 （2）将接触橡胶头与被测物靠紧并与被测物同步转动。 （3）按下测量键开始测量，待显示值稳定后释放测量按钮。测量值自动存储，测量结束
	接触线速方式（公制） （1）将开关拨至接触线速挡-m/min，换上线速测量配件。 （2）将线速配件与被测物紧靠并与被测物同步转动。 （3）按下测量按钮开始测量，待显示值稳定后释放测量按钮。测量值自动存储，测量结束

（2）开启电动机。

（3）按住测量按钮。

（4）将转速表测量头与电动机轴端接触，如图 5.61 所示。

图 5.61　将转速表测量头与电动机轴端接触

（5）待转速表上显示的数字稳定后，所显示的数字即为电动机的转速。

（6）关闭电动机。

5. 用键装配轴和轮毂

（1）找到制动器轮毂，如图 5.62 所示。

（2）用内六角扳手拧松两个螺钉使得轮毂的两部分能适当分离（使轮毂可穿过轴及键装配在轴上）。

（3）用刷子清洁电动机轴和轮毂上的键槽，使其无灰尘和毛刺，找到 25 mm 的平键。

（4）将键放入电动机轴上的键槽中。

（5）在键槽内摇动键检查键是否松动，如果有松动，必须更换。

（6）将键放置在与轴的末端平齐的位置，如图 5.63 所示。

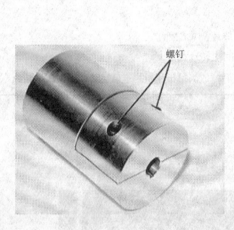 

图 5.62　制动器轮毂　　　　　　　图 5.63　安装键

（7）将制动器轮毂装上电动机轴，使轮毂达到阶梯轴的末端。固紧制动器轮毂上的两个螺钉即完成键的安装，如图 5.64 所示。

图 5.64　安装制动器轮毂

6. 安装和校准小功率 V 带传动系统

在这个实验中，将执行步骤（1）～（5）装配和校准 V 带传动系统，会用到带式制动器。然后调整 V 带的张力，完成搭接和校准后将在下个实验中运行电动机。

（1）执行安全检查。

（2）安全开关锁住。

（3）安装电动机可调支撑座。

- 找到电动机可调支撑座。

- 将电动机可调支撑座放置在工作台的适当位置，如图 5.65 所示。

- 找到 4 个 M10 的螺栓及相应的平垫圈、弹簧垫圈和螺母。

- 将电动机可调支撑座固定。

（4）在电动机可调支撑座上装配和校准电动机。

- 将电动机放在可调支撑座突出的螺栓上，如图 5.66 所示。

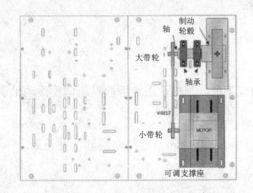
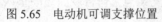

图 5.65　电动机可调支撑位置

图 5.66　安装电动机

- 找到 4 个 M8 的六角螺母及相应的平垫圈和弹簧垫圈。

- 将电动机固定在可调支撑座上。

注意：弹簧垫圈放在螺母和平垫圈之间。

- 检查轴的径向跳动应小于 0.05 mm，并记录。

径向跳动＿＿＿＿＿＿＿＿＿＿＿＿＿＿（mm）

- 检查电动机轴的轴向跳动应小于 0.025 mm，并记录。

轴向跳动＿＿＿＿＿＿＿＿＿＿＿＿＿＿（mm）

- 检查轴的水平度，如有必要，在电动机的底部垫入相应的调整垫片。

塞尺叶片厚度＿＿＿＿＿＿＿＿＿＿＿＿＿＿＿＿（mm）

水平仪有效长度（L_E）＿＿＿＿＿＿＿＿＿＿＿＿（mm）

安装螺栓间距离（L_B）_____（mm）

比率（$R=L_B/L_E$）_____

调整垫片厚度_____（mm）

（5）装配轴和滚动轴承。

- 从轴面板 1 上取下 4 个轴承支架。

- 确认轴承支架、滚动轴承座的安装表面及工作台上的安装区域无灰尘和毛刺。

- 将 4 个轴承支架放到工作台上。

- 从轴面板 1 上取下两个中心孔为 24 mm 的滚动轴承。

- 将轴承放置在轴承支架上。

- 找到 4 个 M10×140 的螺栓及其相应的平垫圈、弹簧垫圈和螺母。

- 将轴承及轴承支架固定在工作台上，用手拧紧。

- 从轴面板 1 上取下一根阶梯轴，其两端直径为 16 mm，中间直径为 24 mm。

- 将轴放置在两个轴承之间，如图 5.67 所示。

- 拧紧轴承上的紧定螺钉，将轴和轴承固定。

- 拧紧轴承上的安装螺栓。

- 用手转动轴观察其是否能自由转动，如果不能，则松开固定螺栓重新调整滚动轴承的位置。

- 检查从动轴（两轴承间的轴径向跳动应小于 0.05 mm）的径向跳动，并记录。

径向跳动_____（mm）

- 检查从动轴的水平度，如果有必要，则在轴承支架与工作台表面之间垫入相应的调整垫片。

塞尺叶片厚度_____（mm）

水平仪有效长度（L_E）_____（mm）

安装螺栓间距离（L_B）_____（mm）

比率（$R=L_B/L_E$）_____

调整垫片厚度_____（mm）

（6）安装主动带轮。

- 从带面板上找到基准直径分别为 50 mm 和 100 mm 的带轮。

- 找到小带轮的紧定螺钉，如图 5.68 所示。

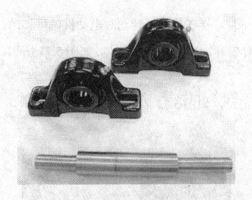

图 5.67　轴承和轴

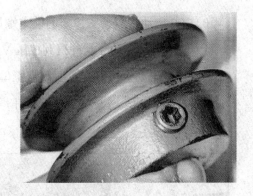

图 5.68　小带轮的紧定螺钉

- 用内六角扳手拧出紧定螺钉，使其不伸出到轴上。
- 用钢刷清洁电动机轴和带轮上的键槽，确认其无灰尘和毛刺。
- 选一个 5mm×5mm 的平键。
- 将键放入电动机轴的键槽中，并检查二者的配合情况。
- 将键从轴上键槽滑出，放入小带轮的键槽中，检查二者是否相配。
- 将键从带轮中取出，放入轴上键槽，其末端与电动机轴的端部对齐。
- 拿起小带轮将其键槽对准电动机轴上的键，如图 5.69 所示。
- 将带轮轻轻推入电动机轴，直到带轮端面与轴顶端齐平，如图 5.70 所示。将带轮装到轴上的过程中应不借用任何工具，否则应将其取下检查尺寸是否正确。

图 5.69　小带轮键槽对准电动机轴槽

图 5.70　带轮端面与轴顶端齐平

- 拧紧带轮的紧定螺钉。
- 拉动带轮检查是否与电动机轴固紧。

（7）重复以上步骤，安装基准直径为 100 mm 的从动带轮。

（8）将 V 带松弛地安装在带轮上。

（9）确定电动机控制箱的安全开关处于锁定状态。

（10）松开电动机可调支撑座的锁定螺母约一圈，这样在导螺杆转动时电动机就可移动。

（11）使用扳手转动导螺杆直到按压 V 带的时候开始感觉有弹性为止，如图 5.71 所示。

（12）拧紧电动机可调支撑座锁定螺母。

（13）使用米尺（钢板尺）测量 V 带跨距并记录，如图 5.72 所示。

V 带跨距＿＿＿＿＿＿＿＿＿＿＿＿＿＿＿＿（mm）

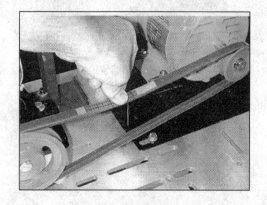 

图 5.71　按压 V 带　　　　　　　　　　图 5.72　测量 V 带跨距

（14）使用张力测试仪测量 V 带的张力。

● 找到张力测试仪。

● 将张力测试仪上的大 O 形环调节到 V 带跨距的数值，如图 5.73 所示。

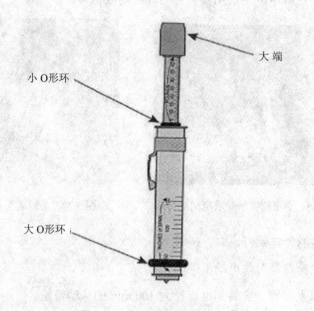

图 5.73　大 O 形环调节

● 将小 O 形环调节到标尺的 0 点。

- 放置米尺在 V 带上，其棱边应放在 V 带的上方，如图 5.74 所示。
- 将张力测试仪放在 V 带跨距中心，并且使之与 V 带垂直，如图 5.75 所示。

图 5.74　放置米尺在 V 带上　　　　　图 5.75　将张力测试仪放在 V 带跨距中心

- 在张力测试仪上施加一个向下的力令 V 带产生一定的偏移，并使得大 O 形环与米尺的下边缘平齐，如图 5.76 所示。
- 将张力测试仪从 V 带上取下并读出力刻度线上的读数，如图 5.77 所示。

力的读数＿＿＿＿＿＿＿＿＿＿＿＿＿＿＿（N）

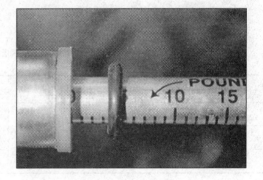

图 5.76　在张力测试仪上施加一个向下的力　　　图 5.77　读出力刻度线上的读数

- 将实际力的读数和原来的计算值进行比较，如果读数在计算值范围之内，则说明 V 带的张力已经调好；否则必须重新检查 V 带的张力。

7. 测量 V 带传动的输出速度和力矩

- 在从动轴上安装带式制动器，如图 5.78 所示，确保带式制动器的制动带均匀地缠绕在轮毂上。
- 用水瓶往轮毂的凹槽中装水，高度大约为 6 mm（从轮毂开口处到液面高度），如图 5.79 所示。

图 5.78 安装带式制动器

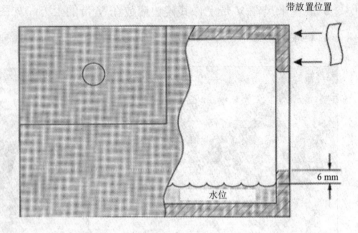

图 5.79 向轮毂的凹槽中装水

- 插入安全锁钥匙,打开安全开关,此时电动机控制箱上的主电源指示灯呈开启状态(红色)。

- 确定电动机附近没有人,打开电动机电源开关,电动机很快将以匀速运转。

- 在电动机运转过程中,把制动器上的载荷由 0 逐渐增加到满量程的 1/3 左右(每次增加的量相同)。在各种载荷情况下测量电动机转速,并将不同情况下的载荷和转速记录在表 5.3 中。

表 5.3 电动机受到不同的外加载荷时的有关值

加载载荷(kg)	电动机电流(A)	主动轮转速(r/min)	从动轮转速(r/min)

- 测量电动机受到不同的外加载载荷时的输入电流,将结果也填入表 5.3 中。

- 测量完毕,将电动机上的载荷卸载,关闭电动机电源开关。

- 关闭安全开关并抽出钥匙。

警告:重载和高速导致制动器的轮毂非常热,所以避免用手触摸电动机和轮毂的任何部分,以免烫伤!

8. 安装和校准直齿圆柱齿轮传动系统

(1)安装变速电动机,并将其调水平。

- 在轴面板 2 上找到变速电动机的支撑垫块。

- 确认工作台表面的安装区域、电动机安装板底部和支撑垫块应清洁且无毛刺。

- 将变速电动机放在工作台表面相应的安装孔上，如图 5.80 所示。

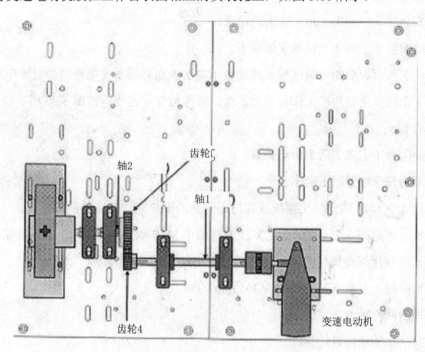

图 5.80　电动机放在工作台表面相应的安装孔上

- 将 4 块电动机支撑垫块插入电动机安装底板下面。
- 找到 4 个 M8 的螺栓及其相应的平垫圈、弹簧垫圈及螺母。
- 用螺栓、螺母等将电动机安装板、支撑垫块固定在工作台表面（用十字交叉方式拧紧）。
- 检查电动机轴的径向跳动，径向跳动应小于 0.05 mm，并记录。

径向跳动＿＿＿＿＿＿＿＿＿＿＿＿（mm）

注意：用手转动变速电动机轴很费劲，要用力。因其内自带减速器，所以输出轴转动较为困难。

- 检查电动机轴的轴向跳动应小于 0.025 mm，并记录。

轴向跳动＿＿＿＿＿＿＿＿＿＿＿＿＿＿＿（mm）

- 检查轴的水平度，如果有必要，则在电动机的底部垫入相应的调整垫片。

塞尺叶片厚度 ＿＿＿＿＿＿＿＿＿＿＿＿＿＿（mm）

水平仪有效长度（L_E）＿＿＿＿＿＿＿＿＿（mm）

安装螺栓间距离（L_B）＿＿＿＿＿＿＿＿＿（mm）

比率（$R＝L_B/L_E$）＿＿＿＿＿＿＿＿＿

调整垫片厚度 _____（mm）

（2）安装轴（$L=305$ mm）及滚动轴承。

- 从轴面板 1 上将 4 个轴承支架拿下。

- 确认工作台表面的安装区域、滚动轴承安装表面和轴承支架应清洁且无毛刺。

- 将 4 个轴承支架放在工作台表面，轴、轴承与支架连接应按图 5.80 所示位置安装在工作台上。

- 从轴面板 1 上拿下两个滚动轴承。

- 将滚动轴承放置在支架上。

- 找到 4 个 M10 的六角头螺栓及其与之配套的平垫圈、弹簧垫圈和螺母。

- 将轴承固定在支架上面（固定方法为将两个 M10 螺栓穿过轴承、轴承支架与安装表面，并使用平垫圈、弹簧垫圈和螺母固定），用手拧紧螺母。

- 在轴面板 1 上拿下一根长度为 305 mm 的轴。

- 将轴从两个轴承间穿过。

- 拧紧两个轴承的紧定螺钉。

- 拧紧轴承的安装螺栓。

- 用手转动轴观察其是否能自由转动，如果不能，则松开固定螺栓重新调整滚动轴承的位置。

- 检查从动轴的径向跳动，径向跳动应小于 0.05 mm，并记录。

径向跳动_____（mm）

- 检查从动轴的水平度，如果有必要，则在轴承支架与工作台安装表面之间垫入相应的调整垫片。

塞尺叶片厚度 _____（mm）

水平仪有效长度（L_E）_____（mm）

安装螺栓间距离（L_B）_____（mm）

比率（$R=L_B/L_E$）_____

调整垫片厚度 _____（mm）

重复以上步骤安装轴 2（$L=203$ mm），安装的位置如图 5.80 所示。

在齿轮面板上找到齿轮 4 和 5，检查两个齿轮确认其无灰尘和毛刺。将齿轮 4（小齿轮）安装到主动轴上。

- 找到齿轮 4 的紧定螺孔，如图 5.81 所示。

- 用内六角扳手拧出紧定螺钉，使其不伸出到轴上。

- 用钢刷清洁轴和齿轮上的键槽，确认其无灰尘和毛刺。

- 选一个 5mm×5mm 的平键。

- 将键放入轴 1 的键槽中，将其末端与轴的端部对齐。

- 拿起小齿轮将其键槽对准轴上的键。

- 将小齿轮安装在轴上（轻轻推入），直到齿轮的端面与轴的顶端齐平，如图 5.82 所示。

图 5.81　紧定螺孔

图 5.82　小齿轮安装在轴上

- 拧紧齿轮的紧定螺钉。

- 将齿轮 5 安装到轴 2（从动轴）上，装配完成后的装置如图 5.83 所示。

- 使用直尺检查齿轮的校准，如图 5.84 所示，主动齿轮的端面应与从动齿轮的端面对齐。

图 5.83　装配完成后的装置

图 5.84　使用直尺检查齿轮的校准

- 根据两齿轮的中心距查机械设计手册得到最小齿侧间隙的推荐值，再根据加工精度确定各齿轮的齿厚范围得出侧隙范围，并记录。

容许的齿侧间隙范围＿＿＿＿＿＿＿＿＿＿（mm）

- 测量齿侧齿隙。

- 安装带磁性底座的百分表，使其探针接触从动齿轮的齿并与之成 90°，如图 5.85 所示。

- 调整探针位置，使其稍微缩回但仍然与齿轮接触。

- 一只手握住主动轴（轴 1）使其不能转动。

- 另一只手朝一个方向转动从动轴（轴 2）直到从动齿轮的轮齿与主动齿轮的轮齿接触，记录百分表读数。

读数 1＿＿＿＿＿＿＿＿＿＿＿＿＿＿＿＿（mm）

图 5.85　安装带磁性底座的百分表

- 用手朝另一方向转动从动轴直到主动齿轮的齿与从动齿轮的另一侧轮齿接触，记录百分表读数。

读数 2＿＿＿＿＿＿＿＿＿＿＿＿＿＿＿＿（mm）

- 两次读数的差值即为齿侧间隙。

齿侧间隙＝读数 1-读数 2

齿侧间隙＿＿＿＿＿＿＿＿＿＿＿＿＿（mm）

9. 滚动轴承的安装及校准。

将轴面板 1 放在工作台上方的架子上。

（1）执行下列步骤装配滚动轴承。

- 从轴面板 1 上取 4 个轴承支撑垫块，将 4 个轴承支架放在工作台表面，如图 5.86 所示。

- 从轴面板 1 上拿下两个滚动轴承，将 1 个滚动轴承放在其中两个支架上，如图 5.87 所示。放置轴承时注意让其带有紧定螺钉的一面朝向另一对支架。

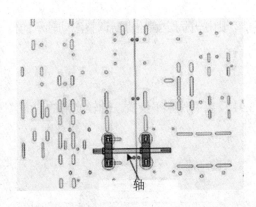

图 5.86　将轴承支架放在工作台表面

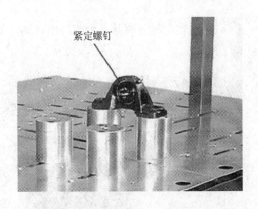

图 5.87　滚动轴承放在支架上

- 找到 4 个 M10 的六角头螺栓及其与之配套的平垫圈、弹簧垫圈和螺母。

- 将轴承固定在支架上面（固定方法为将两个 M10 螺栓穿过轴承、轴承支架与安装表面，并使用平垫圈、弹簧垫圈和螺母固定），较松的拧上螺母就可以，不要拧紧，如图 5.88 所示。

- 将第 2 个滚动轴承放在另外两个支架上并固紧。

（2）执行下列步骤把轴装配到两个滚动轴承之间。

- 在轴面板 1 上拿下 1 根长度为 305 mm 的轴。

- 将轴从两个轴承间穿过，如图 5.88 所示。

- 调整轴的位置，使其从靠近工作台边缘一端轴承的伸出长度大约为 76 mm，如图 5.89 所示。

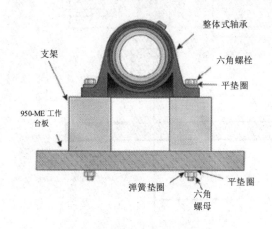

图 5.88　轴承固定在支架上面

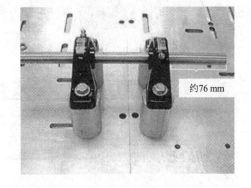

图 5.89　轴从两个轴承间穿过

- 拧紧每个轴承上的紧定螺钉，将轴承固定在轴上，防止其滑动，如图 5.90 所示。

- 拧紧滚动轴承的装配螺栓。

- 用手转动轴观察其是否能自由转动，如果不能，则松开固定螺栓重新调整滚动轴承的位置。

（3）执行下列步骤校准轴。

- 将水平仪放在轴上，观察气泡的位置（见图5.91）。要确保水平仪放在轴较光滑的一面。

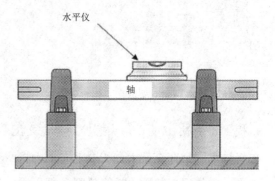

图 5.90　拧紧每个轴承上的紧定螺钉　　　　　图 5.91　观察气泡的位置

- 如果轴不是完全的水平，则在水平仪的一端插入不同尺寸的塞尺叶片直到水平仪上气泡位于中间的位置，记录塞尺叶片的厚度。

- 测量水平仪的一端到塞尺叶片端的长度（即水平仪有效长度 L_E），如图 5.92 所示。

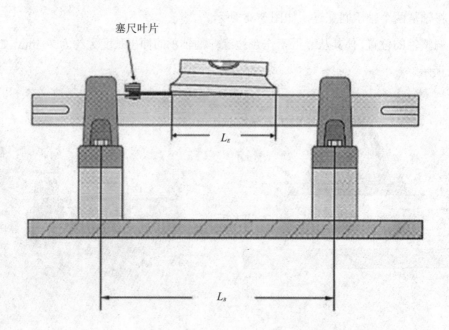

图 5.92　水平仪有效长度 L_E

- 测量两个轴承装配螺栓间的距离 L_B。

计算比率　$R = L_B/L_E$。

计算所需调整垫片厚度。

垫片厚度＝塞尺叶片厚度×比率。

- 拧松装配螺栓将调整垫片（垫片的形状为马蹄形）垫入前两个或者后两个轴承支架下面。
- 拧紧螺栓（采用交叉方式的顺序）。
- 检查轴的水平。
- 用手转动轴，轴应能自由转动。

10. 安装爪形弹性联轴器（或称梅花形弹性联轴器）

（1）确认从动轴与轴承已经安装好，然后装配和校准电动机。

- 找到电动机并将之安置于工作台表面。
- 在轴面板 1 上找到电动机的 4 个银色的支撑垫块。
- 确认电动机基座底部、支撑垫块和工作台表面的安装区域应清洁且无毛刺。
- 将电动机放在工作台的安装孔上，再将 4 个银色支撑垫块依次插入电动机底座下面。并使其分别与电动机底座的 4 个长槽对准，安装后的总框图如图 5.93 所示。
- 找到 4 个 M8 的螺栓及其与之相配的平垫圈、弹簧垫圈和螺母。
- 用螺栓及螺母等将电动机、支撑垫块和工作台连接并固紧。
- 检查电动机轴的径向跳动。
- 检查电动机轴的轴向跳动。
- 检查电动机是否水平，如需要，垫入相应的调整垫片。

（2）执行下列步骤检查两设备的高度。

- 将直角尺放在较高的轴上，如图 5.94 所示。

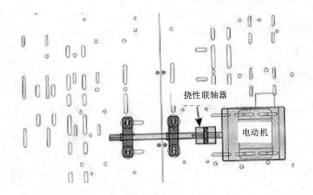

图 5.93　安装后的总框图

图 5.94　将直角尺放在较高的轴上

- 选择合适的塞尺叶片插入直角尺下（当叶片通过直角尺与轴之间时，会感觉有些费力，叶片的厚度合适），叶片的厚度就是两轴的高度差。

（3）执行下列步骤将爪形联轴器安装到电动机轴上。

- 拧松电动机装配螺栓，将电动机向后滑动使得联轴器能够放入。
- 拿出一个半联轴器（该联轴器由弹性元件和带凸爪的两半联轴器组成）。
- 清洁电动机轴上和联轴器上的键槽，应无灰尘和毛刺。
- 检查键是否能和键槽很好地配合。
- 将键放在轴上的键槽内，其末端与电动机轴的端部对齐。
- 拿起联轴器将其上键槽对准电动机轴上的键。
- 将联轴器装在电动机轴上（轻轻推入），将其推到轴的末端（靠近电动机一侧），如图 5.95 所示。这样可以为另一半联轴器的安装提供更大的空间。

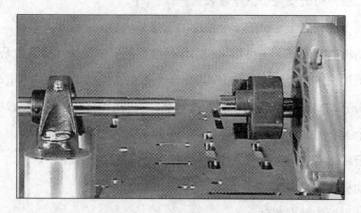

图 5.95　联轴器装在电动机轴上

- 重复以上步骤将另一半联轴器安装到轴承支撑的从动轴上。
- 移动两半联轴器使之按图 5.96 所示连接。
- 分别拧紧两半联轴器上的紧定螺钉使其与键固定。
- 移动电动机使得两半联轴器间的空隙能插入弹性元件。
- 将弹性元件插入驱动轴联轴器块。
- 移动电动机使得两半联轴器较好地啮合。
- 调整两半联轴器间的间隙为 13 mm，如图 5.97 所示，然后拧紧电动机装配螺栓。

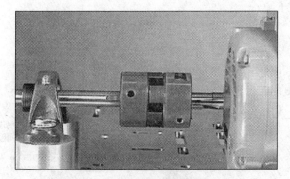

图 5.96 移动两半联轴器使之连接

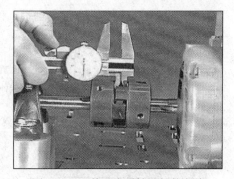

图 5.97 调整两半联轴器间的空隙

此时联轴器的安装已经完成，在下一个实验中将对其进行校准。

（4）进行垂直面角度的校准。

- 如图 5.98 所示在联轴器上用粉笔做标记。

- 使用游标卡尺测量在 0° 时联轴器在 X 方向的长度（在联轴器的顶部做标记的位置）

  并记录，如图 5.99 所示。

$X_{0°}$ _____（mm）

- 旋转联轴器使标记旋转 180° 位于底部。

- 使用游标卡尺测量标记位置 X 方向的长度并记录。

图 5.98 用粉笔做标记

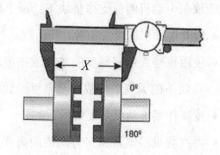

图 5.99 联轴器在 X 方向的长度

$X_{180°}$ _____（mm）

- 将两个测量值相减得到垂直面角度误差，厂家推荐该值应小于 0.9 mm。0.9 mm 是极

  限值，也就是指最坏的情形，所以这个联轴器的误差值应小于 0.4 mm。

垂直面角度误差= $X_{0°} - X_{180°}$ = _____（mm）

- 用卡尺测量联轴器的直径并记录，如图 5.100 所示。

  联轴器直径_____（mm）

- 用直尺测量电动机装配螺栓间的距离并记录，如图 5.101 所示。

电动机装配螺栓间的距离_____（mm）

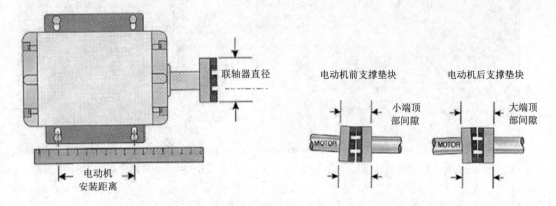

图 5.100　用卡尺测量联轴器的直径　　　　　　图 5.101　电动机装配螺栓间的距离

- 计算二者比率。

比率 R'＝电动机安装距离/联轴器直径＿＿＿＿＿＿＿＿＿＿＿＿

- 计算所需调整垫片的厚度。

调整垫片厚度＝垂直面角度误差×比率 R'。

- 决定调整垫片应放在电动机的哪一端。

假如在 0° 时测得的 X 值比在 180° 时的小，则说明联轴器顶部的间隙大于底板，调整垫片应放在电动机的前支撑垫块下；反之应放在后支撑垫块下。

- 松开电动机的装配螺栓。

- 使用正确数量和厚度的垫片放在电动机的两个支撑垫块下，务必保证电动机两支撑垫块下的调整垫片数量及厚度一致。

- 重新拧紧电动机装配螺栓。

- 再次测量联轴器在 X 方向的距离 $X_{0°}$、$X_{180°}$，确认垂直面角度误差小于 0.4 mm。如果不是，则需重复上述步骤重新调整。

（5）执行下列步骤调整联轴器垂直面平行度误差。

- 测量两半联轴器确定其直径相同。

- 旋转联轴器使得粉笔做的标记在顶部 0° 的位置。

- 放置直尺在两半联轴器的顶部与标记重合，如图 5.102 所示，使直尺较紧地靠在较高的一半联轴器上。

- 将塞尺的一个叶片插入直尺与较低联轴器的缝隙中，如图 5.103 所示，逐渐增加叶片的厚度直到感觉穿过时较费力为止。记录总的叶片厚度，这就是垂直面平行度误差。

垂直面平行度误差 0°。＿＿＿＿＿＿＿＿＿＿＿＿＿＿＿＿＿（mm）

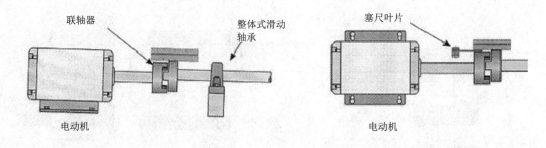

图 5.102　直尺在联轴器的顶部　　　　图 5.103　塞尺的一个叶片插入直尺
　　　　　　　　　　　　　　　　　　　　　　与较低联轴器的缝隙中

- 旋转标记到底部检测误差值，如图 5.104 所示。将直尺靠在相对较低的一半联轴器上，用塞尺测量垂直面平行度误差。

垂直面平行度误差（180°）＿＿＿＿＿＿＿＿＿＿＿＿＿＿＿（mm）

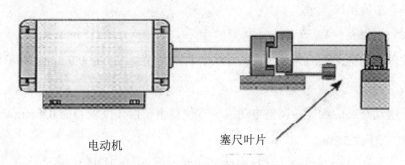

图 5.104　旋转标记到底部检测误差值

- 在电动机的每个支撑垫块下垫入相同厚度的调整垫片，其厚度等于前面计算出的垂直面平行度误差。
- 拧紧电动机装配螺栓。
- 重新检查垂直面角度和平行度误差，确认它们都在允许值范围内。

（6）调整水平面角度误差和空隙。

- 旋转联轴器使得标记在 90° 的一侧。
- 用直尺测量两半联轴器凸爪根部之间的距离并记录，如图 5.105 所示。

间隙＿＿＿＿＿＿＿＿＿＿＿＿＿＿＿＿（mm）

- 用卡尺测量在 90° 时 X 方向的长度并记录，如图 5.106 所示。

$X_{90°}$ ＿＿＿＿＿＿＿＿＿＿＿＿＿＿＿＿（mm）

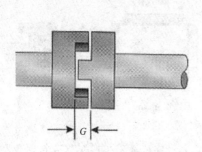

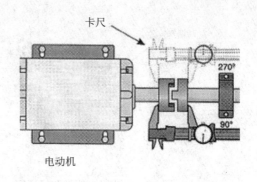

卡尺

电动机

图 5.105　测量两半联轴器凸爪根部之间的距离　　　　图 5.106　X 方向的长度

- 旋转联轴器使得标记转到 270°。

- 测量 270° 时 X 方向的长度并记录。

　　$X_{270°}$ ＿＿＿＿＿＿＿＿＿＿＿＿＿（mm）

- 计算水平面角度误差。

水平面角度误差＝$X_{90°} - X_{270°}$ ＝＿＿＿＿＿＿＿＿＿＿＿＿＿（mm）

两半联轴器间的间隙应为 12.5 mm，水平面角度误差应小于 0.9 mm。忽略测量结果，继续调整减小其误差。

- 松开电动机装配螺栓并调整电动机位置使得水平面角度误差为 0.4 mm，两半联轴器的间隙为 12.5 mm。

注意：调整电动机位置时不要使用锤子，调整前必须完全松开螺栓。

- 拧紧电动机装配螺栓。

5.3.5　实验步骤

（1）熟悉本实验中的实验设备、各零部件功用，以及安装和拆卸工具。

（2）实验方案设计为自拟方案，绘制实际拼装的机构运动简图。

（3）实验装置的设计为选择具体的零部件，以实现实验方案。

（4）测试方案及测试仪器选择设计（可参照前述的相应实验方法）。

（5）实验装置搭建及调试运转（可参照前述的相应实验方法）。

（6）实验结果测试（可参照前述的相应实验方法）。

（7）绘制实验装置的结构简图。

（8）实验结果分析报告。

5.3.6　实验内容

绘制实际拼装机构的运动简图，根据实验项目要求，一是进行有关"带传动""齿轮传动""综合机械传动"等实验方案的创意设计；二是进行实验装置的设计、搭接、组装及调试；三是选择实验测试方法；四是实验数据测试；五是实验结果分析及绘制实验装置的结构简图。

5.3.7　注意事项

（1）增强创新意识与工程实践能力，树立严肃认真、一丝不苟的工作精神。养成实验时的正确方法和良好习惯，维护国家财产不受损失。

（2）注意保持实验室内整洁，严格遵守实验室的规章制度。

（3）实验装置搭建完成后，必须经指导教师检查审定后方可开机操作。

（4）实验时应严格遵守设备及仪器规程，注意人身安全。

（5）试运转时，首先从低速开始，输入轴的最高转速不能超过 300 r/min。

（6）实验结束后应整理全部仪器、装置及附件，并恢复原位。

（7）认真填写实验报告。

5.3.8　组合装置方案参考

（一）带传动与齿轮传动组合

搭接带传动（高速）加齿轮传动（低速）的传动方案。安装时，参照前述带传动、齿轮传动和轴承安装等实验方法记录的相应数据。系统安装完毕可先手动运转，待调整好后，变动制动器的制动力，并记录加载载荷、电动机电流及各轴转速，如图 5.107 所示。

图 5.107　带传动与齿轮传动搭接方案

（二）齿轮与曲柄摇杆机构的搭接、运转与分析

首先安装好电动机，再安装一对直齿轮（减速器）。大齿轮轴通过十字滑块联轴器和电动机相连接，大齿轮轴通过输出端安装曲柄。注意各个轴的平行度。然后选择摇杆的回转支撑位置，测量其回转轴线与曲柄回转轴线的平行度并安装好连杆。安装时，参照前述带传动、齿轮传动和轴承安装等实验方法记录的相应数据。系统安装完毕可先手动运转，确保无误后再通电。依靠电动机驱动曲柄摇杆机构转动，观察安装的机构运转是否正常。试运转时，首先从低速开始，输入轴的最高转速不能超过 300 r/min。待调整好后，变动制动器的制动力，并记录加载载荷、电动机电流及各轴转速，如图 5.108 所示。

图 5.108　齿轮与曲柄摇杆机构的搭接方案

（三）带轮与曲柄滑块机构的搭接、运转与分析

首先安装好电动机，再安装一对带轮。小带轮轴通过十字滑块联轴器和电动机相连接，大带轮轴通过输出端上安装曲柄，注意各个轴的平行度。然后按照曲柄滑块机构偏置量 e，选择好滑块导轨的位置与高度，注意导轨的方向与曲柄回转轴线有垂直度要求；否则会导致系统卡死或由于轴承中径向力的轴向分布不均匀，导致系统过早损坏。使用直尺进行测量与调整。最后安装连杆。安装时参照前述带传动、齿轮传动和轴承安装等实验方法记录的相应数据。系统安装完毕可先手动运转，确保无误后再通电。依靠电动机缓慢驱动曲柄滑块机构运转，观察安装的机构运转是否正常。试运转时，首先从低速开始，输入轴的最高转速不能超过 300 r/min，如图 5.109 所示。

图 5.109 带轮与曲柄滑块机构的搭接方案

5.3.9 实验报告

（1）简述组合装置方案的名称和用途。

（2）简述实验步骤所用组件。

（3）简要说明组合装置运动传递情况并分析其工作特点。

（4）记录实验测试结果（可参照前述相应的实验方法），分析实验结果。

（5）简述实验体会。

参考文献

[1] 濮良贵，纪名刚. 机械设计[M].9 版. 北京：高等教育出版社，2013.

[2] 孙桓，陈作模，葛文杰. 机械原理[M].8 版. 北京：高等教育出版社，2013.

[3] 杨可桢，程光蕴，李仲生. 机械设计基础[M].6 版. 北京：高等教育出版社，2013.

[4] 刘文光，贺红林. 机械原理与设计综合实验教程[M]. 浙江：浙江大学出版社，2014.

[5] 封立耀，肖尧先. 机械设计基础实例教程[M]. 北京：北京航空航天大学出版社，2006.